MB-trac

ALLE MODELLE SEIT 1973

Peter Schneider/Michel Kaiser

Motor
buch
Verlag

IMPRESSUM

Einbandgestaltung: Frank Zähringer.

Bild- und Quellennachweis: Die zur Illustration dieses Buches verwendeten Aufnahmen sowie die Quellen und Daten stammen- wenn nicht anders vermerkt ist- aus dem Mercedes-Benz Classic-Archiv der Daimler AG Stuttgart und aus der Privat-Sammlung Martin Flammer Pfaffenhofen sowie aus dem Archiv von MB-trac Experte Michel Kaiser.

Die Originalausgabe erschien 2018

ISBN der Neuauflage: 978-3-613-04813-3

1. überarbeitete Auflage 2025

Sie finden uns im Internet unter www.motorbuch-verlag.de

Lektorat: Joachim Kuch
Innengestaltung: ERWE-Werbung Ralf Weinreich
Druck und Bindung:
Conzella, 85609 Aschheim-Dornach
Printed in Germany

Foto: © Ralf Weinreich

INHALT

INHALT

LIEBE LESER

Über den Unimog von Daimler Benz, seiner Typengeschichte und Typenkunde, seiner Fahrzeugtechnik im Detail und seinem einmaligen Geräteprogramm ist schon viel geschrieben worden und wird auch weiterhin in vielen kleinen und großen Fachbüchern gewürdigt. Über den MB-trac, mit kleinen Ausnahmen, jedoch nur wenig. Denn von Anfang an stand der kleine Bruder des Unimog stets in dessen Schatten. Auch in meinem großen Unimog-Buch »UNIMOG – alle Typen, alle Modelle, alle Daten«, das seit 2006 erfolgreich auf dem Buchmarkt ist, wurde der MB-trac zwar gewürdigt, doch gerecht wurde dies dem Allrad-Ackerschlepper nicht. Und als der MB-trac bei der dritten Auflage 2017 meines Unimog-Buches seinen Platz dort für die inzwischen erweiterte Unimog-Erfolgs-Story räumen musste, war klar, dass sich etwas ändern musste. Somit bot sich die Chance für eine neue Plattform der Präsentation. Und rechtzeitig, vor seinem 45sten Geburtstag im Herbst 2018, zeigt sich nun der MB-trac mit seiner Geschichte, mit vielen Abbildungen, mit umfangreichen Informationen im Detail und im großen »Unimog«-Buchformat mit neuem Layout der Öffentlichkeit. Was dabei heraus gekommen ist, kann man hier nachlesen.

Bis 1991 wurden 41.365 MB-trac verkauft. Heute sind noch ca. 30.000 dieser Fahrzeuge im Einsatz. Ein Erfolg, wie ihn der Unimog erreicht hat, blieb dem MB-trac trotz eines ebenfalls hohen Bekanntheitsgrades versagt. Der MB-trac ist heute Kult. Für die Daimler AG nur noch Geschichte. Dass er nicht in Vergessenheit gerät, dafür sorgen Sammler und Enthusiasten aus ganz Deutschland und aus vielen Teilen der Welt, die sich zu Interessengemeinschaften und zu Markenclubs zusammengefunden haben. Das eigentliche Club-Leben findet im Unimog-Club Gaggenau statt. Die Begeisterung für den MB-trac hat sie zusammen geführt. Was sie seit vielen Jahren verbindet ist die Liebe und die Faszination zu diesem Alleskönner und vor allem die Freude, dies alles im Kreise Gleichgesinnter zu erleben.

Dieses Buch ist darauf ausgelegt, die Typengeschichte und Typenkunde und die Fahrzeugtechnik im Detail des MB-trac aufzuzeigen. Es versteht sich aber auch als ein nützlicher Wegweiser für die vielen MB-trac Liebhaber, Freunde und Fahrzeugsammler, als kompakte und übersichtliche Zusammenstellung. Es soll dem Leser und Benutzer eine Hilfe sein bei der Schnell-Identifikation, sei es für eine historische Zuordnung, Erweiterung des Fachwissens oder bei einer Kaufentscheidung. Das technische Zahlenwerk soll detailgenaue Informationen über das gesamte Modellprogramm von 1973 bis 1991 vermitteln. Fehler sind angesichts der Fülle der Zahlenangaben nicht auszuschließen, sachliche Korrekturen darum erwünscht.

Ohne die Unterstützung hilfsbereiter Freunde und versierter Experten hätte das vorliegende Druckwerk nicht realisiert werden können: Uwe Heintzer und das Team vom Daimler Classic-Archiv, sowie Jürgen Barth von der Daimler Presse. Sie haben dieses Buchprojekt von Anfang an unterstützt. Ganz besonders bedanken möchte sich aber der Autor bei Martin Flammer für die tatkräftige Unterstützung. Wichtige technische Unterlagen mit seltenem Bildmaterial, vor allem aber sein Fachwissen haben zur Realisierung dieses MB-trac Buches entscheidend beigetragen. Ihnen allen an dieser Stelle ein sehr herzlicher Dank.

Auch der MB-trac zählt längst zu den gesuchten Liebhaberfahrzeugen in aller Welt. Möge deshalb auch dieses mit viel Sorgfalt und Fleiß zusammengestellte und auf seine Authentizität gründlich geprüfte Material allen Freunden des MB-trac mehr als nur eine spannende Lektüre zum Thema Typengeschichte und Typenkunde sein.

Die MB-trac Modellpalette von 1975 noch mit dem Prototypen des MB-trac 1000. Dieser ging als MB-trac 1100 in Serie.

VORWORT ZUR NEUAUFLAGE 2025

Der MB-trac zählt heute zu den faszinierendsten Fahrzeugkonzepten, die Daimler-Benz im landwirtschaftlichen Bereich hervorgebracht hat. Zwischen 1973 und 1991 wurden insgesamt 41.365 Exemplare dieses Allradschleppers gebaut. Auch wenn seine Verkaufszahlen nie an die des legendären Unimog heranreichten, erfreut sich der MB-trac heute einer beachtlichen Bekanntheit und Beliebtheit – nicht zuletzt wegen seiner einzigartigen Technik, der klaren Formensprache und seiner vielseitigen Einsatzmöglichkeiten.

Mein Name ist Michel Kaiser. Als langjähriger MB-trac- und Werner-Forst-Experte sowie als Ressortleiter MB-trac im Unimog-Club Gaggenau habe ich die Aufgabe übernommen, dieses Buchprojekt weiterzuführen, zu ergänzen und mit aktuellem Wissen anzureichern. Dabei war mir besonders wichtig, den ursprünglichen Charakter und die Qualität des Werkes zu erhalten, wie es von Herrn Peter Schneider geschaffen wurde. Seine fundierte und leidenschaftliche Arbeit bildet weiterhin die Grundlage dieser Ausgabe. Ihm gebührt mein aufrichtiger Dank und ein ehrendes Gedenken.

Der MB-trac stand viele Jahre im Schatten des Unimog, sowohl in der Wahrnehmung als auch in der Fachliteratur. In zahlreichen Veröffentlichungen wurde der Unimog ausführlich gewürdigt – mit Recht. Der MB-trac hingegen wurde meist nur am Rande behandelt. Selbst in größeren Fachbüchern blieb seine Geschichte oft eine Randnotiz. Das 2006 erschienene Werk von Peter Schneider war ein bedeutender Schritt, diesem Missstand entgegenzuwirken. Mit der dritten Auflage 2017 musste der MB-trac jedoch im Unimog-Gesamtband wieder Platz machen – was den Anstoß dazu gab, ihm endlich den Raum zu geben, den er verdient.

Diese Ausgabe versteht sich nicht als komplette Neufassung, sondern als eine behutsam überarbeitete und erweiterte Fortführung. Neue technische Daten, zusätzliche Abbildungen und Erkenntnisse aus der MB-trac-Szene wurden eingefügt. Einige Angaben wurden aktualisiert, andere präzisiert. Vieles bleibt jedoch bewusst unverändert – als Zeugnis des ursprünglichen Forschungsstandes und als Ausdruck des Respekts vor der Erstfassung.

Das Ziel dieses Buches ist es, die Typengeschichte und Typenkunde des MB-trac fundiert und verständlich darzustellen, ergänzt durch eine detaillierte Übersicht zur Fahrzeugtechnik. Es richtet sich an Sammler, Restauratoren, Historiker und alle MB-trac-Begeisterten, die auf der Suche nach verlässlichen Informationen oder einfach nach einer spannenden Lektüre sind. Auch bei Fragen der Modellidentifikation, historischen Einordnung oder Kaufentscheidung soll dieses Buch als Wegweiser dienen.

MB-trac 1000 als Zeichnung vor Serienbeginn.

Heute sind schätzungsweise noch rund 30.000 MB-tracs welt-weit im Einsatz – viele davon liebevoll gepflegt und oft technisch modernisiert. Sammler und Enthusiasten in Deutschland und weit darüber hinaus haben dazu beigetragen, dass der MB-trac nicht in Vergessenheit gerät. Sie organisieren sich in Interessen-gemeinschaften, tauschen Wissen aus und leben die Faszination MB-trac aktiv weiter – besonders im Unimog-Club Gaggenau, der auch dem MB-trac eine feste Heimat bietet.

Ich danke allen, die mit Bildmaterial, Fachwissen, persön-lichem Austausch oder organisatorischer Hilfe zum Entstehen dieser neuen Ausgabe beigetragen haben. Möge dieses Buch ein Beitrag dazu sein, das Erbe des MB-trac zu bewahren und neu zu entdecken.

Michel Kaiser
MB-trac- und Werner-Forst-Experte
Ressortleiter MB-trac im Unimog-Club Gaggenau

DIE GESCHICHTE

Der MB-trac als Unimog-Ergänzung für die Land-und Forstwirtschaft

Bild des ersten fahrfertigen Prototyps der Arbeitsmaschine A 60 beim Pflügen. Das Bild entstand auf einem Acker, auf dem heute das Unimog Museum steht.

Zu den raschen und auf Anhieb nicht immer übersichtlichen Fortschritten in der Modellpolitik des Unimog passte ein weiteres Jubiläum: Im Mai 1966 fertigte Daimler-Benz den 100.000sten Unimog. In seiner damals fast 20-jährigen Karriere seit der Präsentation des ersten Fahrgestell-Prototyps hatte sich der Unimog prächtig entwickelt. Längst hatte er weltweit einen legendären Ruf als Geländefahrzeug. Doch so erfolgreich der Unimog auch war, als landwirtschaftliches Fahrzeug wurde er nur noch am Rande eingesetzt.

Dafür gab es eine Menge Gründe. Zum Beispiel wurde der Unimog in manchen Ländern nicht als landwirtschaftliche Maschine anerkannt, sondern wie ein Lastwagen besteuert, was die Absatzchancen schmälerte und den Unimog für Landwirtschaftsbetriebe unrentabel machte. Daher versuchte man gegenzusteuern und mit einer neuartigen Entwicklung auf Basis von Unimog-Aggregaten die Trendwende herbeiführen und wieder steigende Marktanteile im Schleppersegment erhalten: Denn 1968 zum Beispiel fanden nur noch maximal zehn Prozent aller für zivile Anwendungen exportierten Unimog ihren Weg auf die Höfe.

Unter diesen Vorzeichen begannen Anfang 1967 die Arbeiten am neuen Mercedes-Benz-Traktor durch einen aus Entwicklung und Vertriebsleuten installierten Arbeitskreis. Die ersten Entwürfen entstanden auf der Basis des Unimog U 403. Die Motorleistung sollte 60 PS betragen, weshalb die Arbeitsmaschine fortan »A 60« genannt wurde. Diese Abstammung vom Unimog her erklärt auch das Hauptmerkmal der Neukonstruktion, nämlich die vier gleich großen Räder: Schon der erste fahrfertige Prototyp von 1969 hatte sei – und den zentral angeordneten Fahrersitz, die ungefederte Hinterachse, die Rahmenbauweise und die drei Anbauräume. Zu diesem Zeitpunkt wurde dann aufgrund interner Erwägungen die Weiterentwicklung gestoppt und das

Projekt auf Eis gelegt. Nachdem aber bekannt geworden war, dass KHD (Klöckner-Humboldt-Deutz) an einem ähnlichen Fahrzeugkonzept arbeitete und kurz vor der Markteinführung stände, wurde mit Hockdruck die Entwicklung des nunmehrigen MB-trac wieder aufgenommen, zumal der Unimog ja ursprünglich für den Agrarsektor entwickelt worden war.

Doch im geänderten Konkurrenzumfeld war dieser Alleskönner nun auch bei einheimischen Land- und Forstwirtschaftlichen Betrieben immer schwerer abzusetzen, was an der starken Konkurrenz durch die renommierten Traktorhersteller Deutz und Fendt lag. Während sich also Kommunen, Behörden, Baugewerbe und Militär zunehmend für das Multitalent aus Gaggenau interessierten, klaffte eine Lücke im land- und forstwirtschaftlichen Bereich, und die sollte der MB-trac füllen: Diese spezielle Schlepper war maßgeschneidert für die Anforderungen im Ackerbau und konnte diese viel besser bewältigen als ein Unimog.

Von Anfang an war es Aufgabe und Ziel, möglichst viele Teile aus dem Unimog-Programm zu verwenden. So konnte mit geringfügigen Änderungen der Motor OM 314, das Getriebe UG 2/27 und die G-Achsen vom Unimog U 403 übernommen werden. Dies entsprach einem Anteil von nahezu 50% an den gesamten Gestehungskosten.

Ganz und gar ungewöhnlich war aber die Farbgebung, denn in der Landtechnik spielte die Farbe ein immer wichtigeres und wesentlicheres Element im Produktdesign: Sie ist als Erkennungsmerkmal bis heute unverzichtbar.

Daher war auch die Aufgabe, ein passendes Farbschema für den neuen Traktor zu entwerfen, nicht ganz unbedeutend. Für den MB-trac legten sich die Designer auf ein Kieselgrau (RAL 7032) beim Aufbau und ein Blutorange (RAL 2002) für die Kotflügel und Felgen fest. Dabei sollte das Blutorange die optische Verwandtschaft zum Ochsenblutrot der Felgen des Unimog (auch die Fahrgestelle der Lastwagen waren so lackiert) herstellen.

MB-trac 65/70 auf einer Kommunal/Bauausstellung 1973.

Mercedes-Benz Dieselschlepper OE.

Der Beginn eines erfolgreichen Weges

Nachdem, wie bereits geschildert, bekannt geworden war, dass KHD einen Konkurrenzschlepper auf den Markt bringen wollte, wurde die Entwicklung des MB-trac wieder angeschoben. Der Serienanlauf sollte unmittelbar nach der Landwirtsschau der DLG in Hannover vom 28. Mai bis 4. Juni 1972 erfolgen.

Diese landwirtschaftliche Ausstellung war seit Jahrzehnten eine Institution und daher die geeignete Plattform für die Publikumspremiere des neuen Schlepperkonzepts. Auf dem großflächigen Ausstellungsstand der Daimler-Benz AG für das Unimog-Ackerschlepper-Programm herrschte starker Publikumsandrang. Der Unimog war zu dieser Zeit gute 25 Jahre alt.

Und dann stand da noch auf der weitläufigen Daimler-Benz Ausstellungsfläche, unter der sogenannten »Betonschwinge«, ganz für sich allein ein Fahrzeug mit dem Schild »Neuheit« vor den Ackerschlepperreifen: Der erste MB-trac im neuen Farbkleid hörte auf die Typenbezeichnung »65/70« und stellte sich in diesen Tagen dem Urteil von Landwirten, Agrar-Fachleuten und Journalisten. Die Resonanz war so positiv, dass auf der Ausstellung rund 350 Bestellungen entgegengenommen wurden.

Dieser erste Traktor seit Tagen des seligen OE-Schleppers trug die Baureihenbezeichnung »440«, wobei schon die Anfangsziffer auf die Abstammung vom Unimog 403 hinwies.

Die Typangabe indes bezog sich auf die Leistungsangaben nach DIN- und SAE-Standard: Die »65« stand für die Motorleistung in DIN-PS und die »70« für SAE-PS. Der Acker- und Systemschlepper mit dem Mercedes-Stern am Kühler war in Rahmenbauweise – was einen fundamentalen Unterschied zum üblichen Traktorbauweise bedeutete – konzipiert: Vergleichbares gab es in dieser Form damals noch nicht auf dem Markt. Die Unimog-Technik mit ihrem richtungsweisendem Allradantrieb und den vier gleich großen Räder und überzeugender Bremsanlage bildete die ideale Grundlage für einen Traktor mit einer langen und sehr schlanken Motorhaube, dahinter – und das war wieder mehr Unimog als Traktor – schloss sich eine eckige, hoch aufragende Fahrerkanzel mit ergonomisch gestaltetem Arbeitsplatz, Servolenkung und Heizung an. Im Unterschied zu den Fahrerständen herkömmlichen Traktoren war sie allerdings zwischen den Achsen angesiedelt und rundum geschlossen – der MB-trac war das Automobil unter den Traktoren. Bewusst verzichtet wurde bei der Neuentwicklung auf eine hohe Endgeschwindigkeit bei Straßenfahrten, mehr als 25 km/h (und bei späteren Modellen 40 km/h) waren nicht angestrebt. Weitere Merkmale waren die Portalachsen (vorne gefedert), die hohe Zugkraft und die genormte Dreipunkt-Krafthydraulik. Für die Betriebe besonders interessant waren die drei Anbauräume, die den MB-trac zum Systemschlepper machten: vorne der Frontkraftheber mit Zapfwelle und Hydraulikanschlüssen, in der Mitte die Möglichkeit zum Aufbau verschiedener Gerätetypen sowie der hintere Anbauraum mit genormtem Dreipunktgestänge, zuschaltbarer Zapfwelle und weiteren Hydraulikanschlüssen. Die Geräte konnten sogar in Kombination gefahren werden. Die Produktion der Serienausführung lief ein Jahr später im Werk Gaggenau an.

Im gleichen Jahr und auf der gleichen Ausstellung wurde auch von KHD eine Traktorvariante mit der Silbe »trac« – Intrac – erstmals, mit beachtlichem Aufwand, der Öffentlichkeit vorgestellt. Auch Baumaschinenspezialist Kramer präsentierte, allerdings schon 1971, ein ähnliches Systemfahrzeug. Die konkurrierenden Konzepte wurden von der Fachpresse ausgiebig geprüft und getestet. Allgemein bestand Einigkeit darüber, dass durch die vielseitigen Einsatzmöglichkeiten solchen Systemschleppern die Zukunft gehöre.

Die Serienproduktion des MB-trac läuft an

»Auf der DLG-Ausstellung in Hannover im Mai 1972 haben wir mit einem gewissen, jedoch bewussten Überraschungseffekt erstmalig der einschlägigen Fachwelt unser neues Produkt MB-trac 65/70 vorgestellt. Das gute Echo des Marktes, das sowohl während der Ausstellung, als auch danach auf uns zukam, hat die Richtigkeit unserer Überlegungen eindeutig bestätigt«. So argumentierte Dr. Rolf Staelin, Vorstand der Daimler-Benz AG, bei seiner Rede anlässlich der Pressevorstellung des MB-trac 65/70 in Baden-Baden

Unimog in verschiedenen Varianten verlassen das Werk in Gaggenau.

am 4. April 1973 und ergänzte weiter »*Mit größter Aufmerksamkeit verfolge man bei Daimler-Benz in den 1960er Jahren beständig die Bewegungen des Marktes im In- und Ausland, ebenso wie die allgemeine Fortentwicklung der Landtechnik, wobei das spezifische Interesse natürlich dem Sektor der allradgetriebenen Fahrzeuge besonders galt. Vor allem deshalb, weil man feststellen konnte, dass die Landwirtschaft und die Landtechnik in den letzten 10 Jahren eine geradezu stürmische Entwicklung durchgemacht haben. Bei der Aussichtslosigkeit, kalkulierte Erzeugerpreise am Markt durchzusetzen, und bei der relativen Unbeweglichkeit des Faktors Boden, steht die europäische Landwirtschaft vor dem großen Problemkreis, ihre weitestgehend mechanisierte Produktion in verstärktem Maße zu rationalisieren, d.h. die Arbeitsproduktivität zu steigern. Hinzu kommt, dass die Gesamtzahl der landwirtschaftlichen Betriebe in der Bundesrepublik, ebenso wie in den angrenzenden Ländern Westeuropas, rückläufig ist. Ganz eindeutig, so war man sich im Hause Daimler-Benz einig, werden jedoch die Betriebe über 20 ha zunehmen. Die Zahl der Facharbeitskräfte und der als Betriebsleiter nachwachsenden Söhne nimmt ständig ab. Die Ansprüche an Entgelt und Freizeit steigen erheblich. Die Landwirte sind gezwungen, soweit es das biologische Risiko zulässt, ihre Betriebe zu vereinfachen und zu spezialisieren, um zu marktkonformen Angebotsgrößen zu kommen. Einfach gesagt bedeutet das, dass die heutige und zukünftige Landwirtschaft in kürzerer Zeit mit weniger Arbeitskräften größere Flächen bearbeiten, bestellen, pflegen und abernten muss. Dies ist letzten Endes nur möglich durch Einsatz leistungsfähiger, preiswürdiger Landtechnik, die im Rahmen der gegebenen Möglichkeiten eine weitere erhebliche Steigerung der Produktivität der eingesetzten Arbeitskraft zulässt. Die auch für die Zukunft weiter steigende PS-Leistung der Ackerschlepper rückt das Thema des Allradantriebs noch stärker in den Vordergrund, wobei die Diskussion über optimale und maximale Motorleistung noch voll im Gange ist, so wie es auch schon vor 20 Jahren war, als 25 PS für maximal angesehen wurden*«

Die Konkurrenz horchte auf und das Fachpublikum war begeistert. Nach dem Vorserienbau begann am 1. Juli 1973 im Werk Gaggenau der Serienanlauf für den MB-trac 65/70 der Baureihe 440 in den Farben Kieselgrau und Blutorange. Wollte der »Neuling« auf dem breiten Agrarmarkt mitmischen, so musste eine komplette MB-trac Schlepperreihe entwickelt werden, die nur eine Chance hatte, wenn sie vielseitiger und besser sein würde, als die Konkurrenz. Sie wurde es, wenn auch etwas mühsam.

Die Familie wächst

In der Folgezeit wurde die Anzahl der Baumuster ständig erweitert. Der erste wichtige Schritt bestand in der Ausweitung der MB-trac-Baureihe in den mittleren Leistungsbereich. Der neue Vertreter der leichten Baureihe 440 hieß MB-trac 800 und hatte eine Motorleistung von 72 PS. Mit größerer Achsübersetzung und verbesserter Gangabstufung war dieser Typ 1975 der erste Ackerschlepper mit 40-km/h-Schnellgang auf dem Markt.

Im Werk Gaggenau begann dann, im Juli 1976, die Serienproduktion der schweren Baureihe 442, die unter der Bezeichnung »MB-trac 1000« vermarktet wurde. Die kompakte Baureihe avancierte bald zum meistgekauften Forstschlepper.

Als zweite Variante der schweren Baureihe folgte im Oktober der »MB-trac 1300« (Baureihe 443). Ihr Erscheinen war keine Überraschung mehr, denn dieser Typ war bereits im April auf der Hannover-Messe 1976 gezeigt worden. Der 10.000ste MB-trac verließ das Werk in Gaggenau im April 1979.

Die Weiterentwicklungen wurden optisch sichtbar, wobei das Grundkonzept vorgegeben war. Neue verbesserte Fahrerhäuser wurden zum Markenzeichen des MB-trac. Die Leistung wurde mit neuen Motoren angehoben. Weniger Schalthebel und eine Geschwindigkeitsabstufung bis max. 40 km/h waren weitere, notwendig gewordene Verbesserungen. Ein völlig neu entwickelter Drehsitz machte den MB-trac der schweren Baureihe mit dem vollsynchronisierten Wendegetriebe zum Zweirichtungsschlepper mit zusätzlichen Einsatzmöglichkeiten.

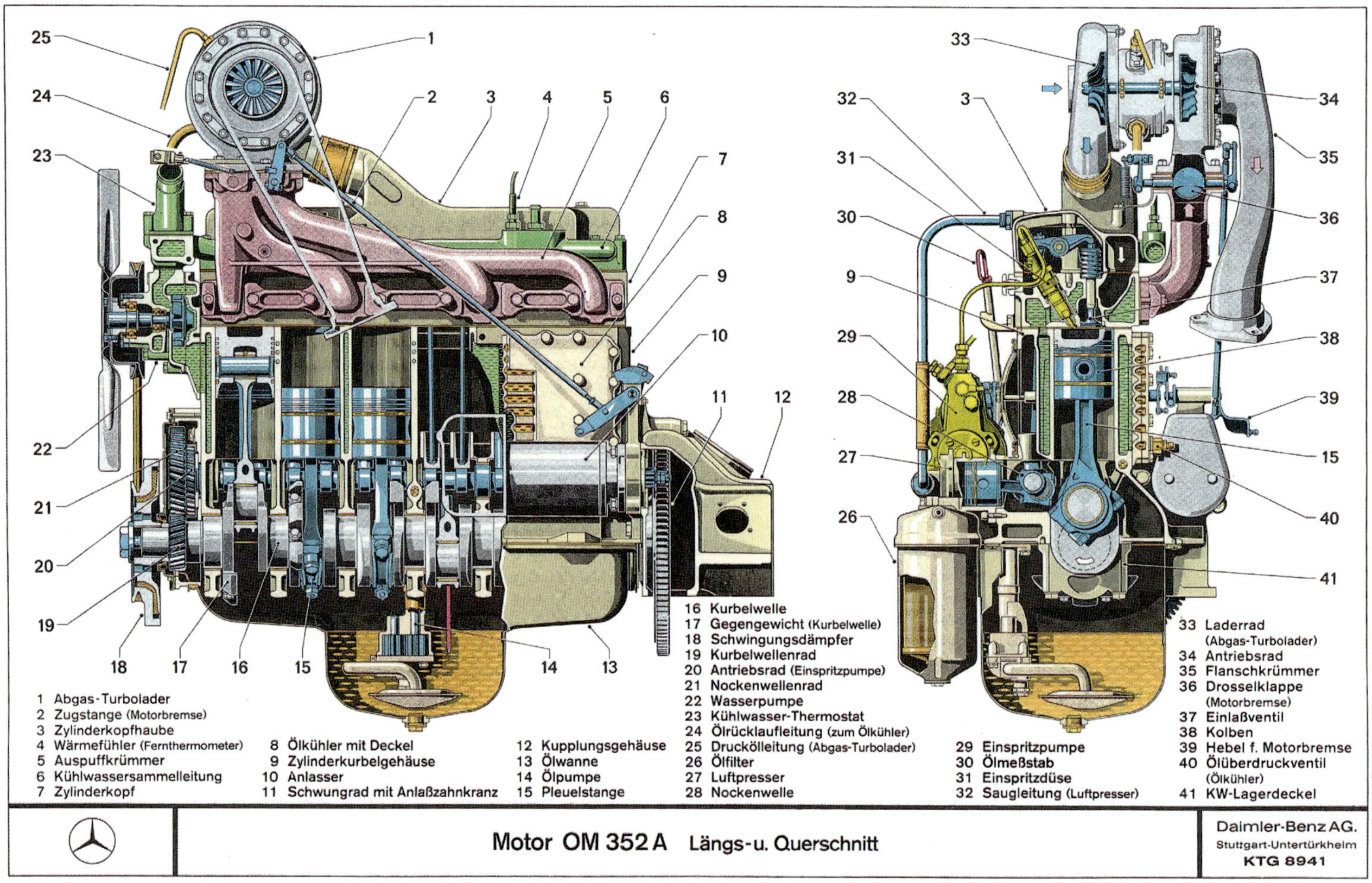

Diese Grafik zeigt den LKW-Motor mit Turbolader

MB-trac Programm von 1976: MB-trac 700, 800, Prototyp 1000 und 1300

Neue Allradschlepper mit leistungsstarken Motoren für die Landwirtschaft

Mit dem MB-trac 1500 feierte dann im Hannover 1980 auf der 56. DLG-Ausstellung der nächste Vertreter der schweren Baureihe seine Premiere. Er war auf hohe Zugkraft ausgelegt, die insbesondere bei schweren Arbeiten wie in der Maisernte, der Rübenrodung oder vor dem fünfscharigen Pflug eine große Rolle spielte. Angetrieben wurde der neue Schlepper durch den Mercedes-Benz Sechszylinder-Dieselmotor OM 352 A mit Abgasturbolader und Kolbenbodenkühlung.

Diese Motorenbaureihe war 1964 vorgestellt worden und markierte die Abkehr vom Jahrzehnte alten Vorkammer-Prinzip, mit dem in Form der Motorenbaureihe 300 die Mercedes-Nutzfahrzeuggeschichte der Nachkriegszeit beginnt. Der OM 352 (Bohrung x Hub 97 x 128 mm, 5675 ccm) war im Grunde genommen ein um zwei Zylinder vergrößerter OM 314-Motor und beflügelte auch die mittleren Kurzhauber-Lastwagen-Baureihen (dort mit 126 PS), ebenso wie diverse Unimog-Typen, zum Beispiel der U 900. Die aufgeladene Variante leistete dann bis zu 168 PS; ein so hohe Spitzenleistung war aber bei einem Traktor nicht notwendig. Dieser Motor war für 1970 erheblich überarbeitet worden und hatte sich zum Zeitpunkt der Premiere im MB-trac schon in rund 75.000 Mercedes-Benz Nutzfahrzeugen weltweit bewährt, mechanische Probleme waren daher ausgeschlossen. Im MB-trac 1500 leistete der Direkteinspritzer 150 PS (110 kW) bei 2500/min. Das maximale Drehmoment von 499 Nm stand bereits bei 1.600/min zur Verfügung. Dank des Drehmomentanstiegs im Vergleich zum Vorgänger um fast 19% war der Schlepper noch besser geeignet für die Pflugarbeit auf schweren oder nassen Böden oder bei Arbeiten am Hang. Zugkraftunterbrechungen durch Schaltvorgänge wurden weitgehend vermieden. Das eng abgestufte Getriebe mit 12 Vorwärts- und 12 Rückwärtsgängen erlaubte die genaue Anpassung der Geschwindigkeiten an den Arbeitsvorgang. Auf Wunsch standen dazu auch für beide Fahrtrichtungen 6 Kriechgänge zur Verfügung. Die Achsvarianten ermöglichten Endgeschwindigkeiten von 25 km/h oder wahlweise von 40 km/h.

Der Motor OM 352 befeuerte auch die mittelschweren Mercedes LKW.

Gaggenau – Produktionsschwerpunkte Unimog und MB-trac

Nicht weit von Baden-Baden in den Ausläufen des Nord-Schwarzwaldes liegt das Werk Gaggenau der Daimler-Benz AG. Es war ursprünglich aus den 1893 gegründeten »Bergmann Industriewerken Gaggenau« hervorgegangen, einem Unternehmen, das sich bereits 1895 auch dem Automobilbau zuwandte. Dieser Zweig machte sich1905 als »Süddeutsche Automobilfabrik GmbH SAF« selbstständig. Bekannt wurde die Firma durch Teilnahme an Autorennen. Die Gaggenauer Wagen galten als außerordentlich zuverlässig und leistungsfähig. Neben der Pkw-Produktion baute SAF die Lkw-Produktion aus. Das weckte das Interesse der schon damals gut fundierten »Benz & Cie« in Mannheim, die ihr Lkw- und Omnibusprogramm erweitern wollte.

So kam es 1907 zu einer Interessengemeinschaft und 1910 zur Übernahme durch Benz Mannheim. In der nun »Benzwerke Gaggenau GmbH« firmierenden Fabrik wurde die Benz`sche Nutzfahrzeugproduktion mit dem Bau von Lastwagen, Omnibussen und Sonderfahrzeugen konzentriert. In den Benz-Werken Gaggenau wurde der erste Diesel-Lkw der Welt gebaut; im September 1923 machte er seine erste Probefahrt. Der 1923 im Lkw-Bau eingeführte Dieselmotor eigener Entwicklung bewährte sich so gut, dass bei der Fusion von Daimler und Benz im Jahre 1926 der Lastwagenbau der Daimler-Werke nach Gaggenau übernommen wurde.

Nach einem durch die Wirtschaftskrise 1928 bedingten Rückschlag kam es dann Mitte der 1930er Jahre zu einem großen Aufschwung, der 1944 mit der fast völligen Zerstörung des Werkes wieder zunichte gemacht wurde. Im September 1945 lief die Produktion in zunächst beschränktem Umfang wieder an. In dieser Zeit reiften auch die Pläne für die Herstellung eines von der technischen Konzeption her neuen Ackerschleppers. Durch den Übernahmevertrag der Firma Boehringer konnte sicherte man sich die Rechte am »Unimog« für die Landwirtschaft. Dieser zog 1951 in die Produktionshallen ein und entwickelte sich zu einem bedeutenden Produktionszweig in Gaggenau entwickelt hat. Sein vielseitiger Einsatz und die Tatsache, dass er in rund 150 Ländern exportiert wurde, haben den Unimog danach zu einem weltbekannten Produkt werden lassen. Die Auswahl an Varianten war groß: Unimog gab es damals von 34 PS bis 168 PS.

Immer neue Maßstäbe in Leistung und Komfort

Zu den Meilensteinen in der technischen Weiterentwicklung für landwirtschaftliche Fahrzeuge gehörte die elektronische Hubwerksregelung (EHR), die in Zusammenarbeit mit der Firma Bosch ab 1984 als Sonderausstattung angeboten wurde. Auf der DLG 1984 in Frankfurt vorgestellt, konnten die schweren MB-trac 1100, 1300 und 1500 nun mit dieser elektronischen Hubwerksregelung geordert werden. Bisher waren solche Hubwerksregelsysteme mechanisch-hydraulisch realisiert worden, die neue Lösung bot allerdings einen wesentlich höheren Komfort und eine verbesserte Regelgüte (kleinere Regelabweichungen, weiches Übergangsverhalten, volle Ausnutzung der Motorleistung).

Beim jetzt lieferbaren System erfolgte die Lage- und Zugkraftmessung durch elektrische Sensoren. Zwei davon waren am Unterlenker und machten die bisher verwendete Messfeder überflüssig. Die Position der Kurvenscheibe wurde durch einen induktiven Wegsensor gemessen. Die Signale wurden ausschließlich durch elektrische Leitungen übertragen, nicht mehr mechanisch. Letztlich konnten durch die neue Technik Anbaugeräte wie etwa Pflüge exakter geführt werden und die Bodenbearbeitung optimiert.

Mitte der 1980er Jahre hielt Daimler-Benz mit seinen Traktoren in der Bundesrepublik einen Marktanteil von rund zehn Prozent, was dem vierten Platz bei den Ackerschlepper-Zulassungen entsprach. Allerdings verdüsterten sich die Aussichten, denn die Gesamtnachfrage nach Ackerschlepper war stark rückläufig. Allein im ersten Quartal 1986 sanken die Verkaufszahlen um 8,7 Prozent auf 7.785 (Vorjahr: 8.535) Neuzulassungen ab. Noch trotzten die Allradschlepper und Unimog dem Trend und legten sogar um 7,4 Prozent zu, was im Gesamtmarkt einer Steigerung des Marktanteils um 1,4 Prozent bedeutet, doch zeichnete sich der Niedergang des Gesamtmarktes deutlich ab, zumal auch die Konkurrenz mächtig aufrüstete. War bei der Premiere der MB-trac mit seinem Konzept noch ziemlich einzigartig gewesen, so gehörten doch Mitte der 1980er Jahre Frontkraftheber und Frontzapfwellen, die immer stärkere Einbeziehung des vorderen Anbauraums, Allradantrieb, höhere Geschwindigkeitsbereiche und geschlossene, komfortable und weiter in Richtung Schlepper-Mitte gerückte Komfortkabinen keine Alleinstellungsmerkmale mehr und rief weitere Mitbewerber auf den Plan.

Der britische Baumaschinenspezialist JCB zum Beispiel nahm den MB-trac zum Vorbild bei der Entwicklung der Fastrac-Reihe, die 1991 – als Daimler-Benz seine Bemühungen einstellte – erschien. Die Merkmale des britischen Schnelltraktors – gleichgroße Räder, mittig platzierte Kabine, Allradantrieb, Dreipunkt-Hydrau-

Wie Mercedes-Benz und KHD beschäftigten sich die Kramer-Werke ab 1971 in Überlingen am Bodensee mit einem Schlepperkonzept, das gleichgroße Räder aufwies. Dieser Kramer 1014 TS von 1980 und damit dem letzten Baujahr (121 PS) war dem MB-trac durchaus ähnlich. (Foto: Ubraxa, cc-by-sa 4.0)

Ein ähnliches Konzept verfolgte der JCB Fastrac, der heute noch gebaut wird.

lik – ähnelten stark dem Gaggenauer Unimog-Ableger. Weil aber die Briten ihren Fastrac mit einer Spitze von 65 km/h auf höhere Straßengeschwindigkeiten ausgelegt hatten, spielten sie im deutschen Schleppermarkt keine Rolle, waren aber international ausgesprochen erfolgreich: JCB baut seine Maschinen heute noch.

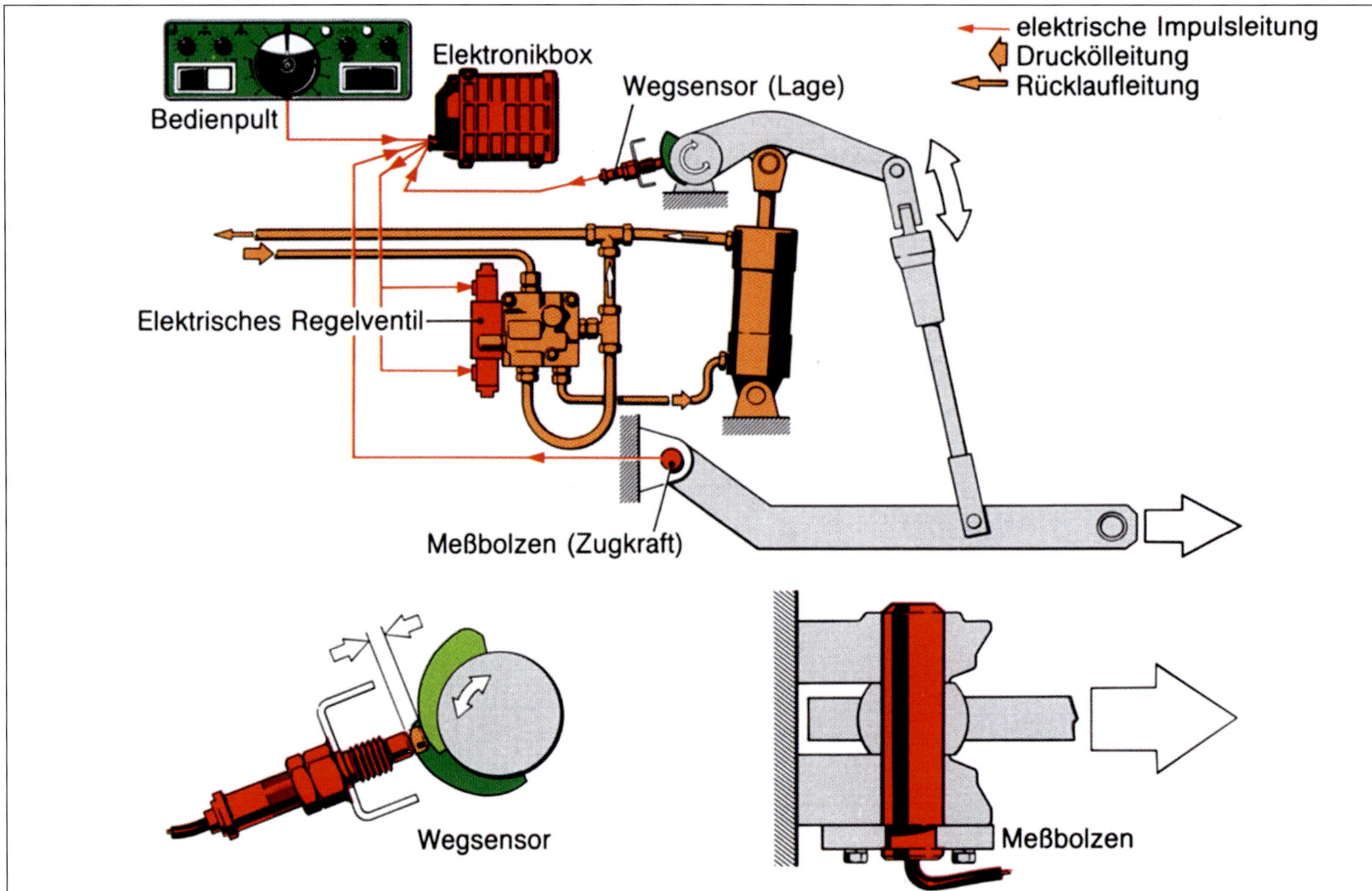

Technische Weiterentwicklung: die elektronische Hubwerksregelung (EHR).

Die Kooperation KHD / Daimler-Benz

Da die Schwierigkeiten in der Landwirtschaft (die insbesondere auch eine Folge der Krise in den USA war) alle Hersteller gleichermaßen betrafen lag der Gedanke an eine Kooperation nahe. Der einzige überhaupt dafür geeignete Partner war Klöckner-Humboldt-Deutz mit seiner Traktormarke Deutz-Fahr, wo der IN-trac (Schreibweise nach der Kooperation) gebaut wurde.

KHD hatte seinen Geträgeträger 1972 vorgestellt, und er wies bemerkenswerte Ähnlichkeiten mit dem MB-trac auf: drei Anbauräume, geschlossene (wenn auch ungefederte) Kabine – diese aber mit Schiebetüre – und gleichgroße Räder. Die Modellfamilie umfasste zunächst die Typen Intrac 2002 (3-Zylinder-KHD-Motor, 51 PS) sowie den Intrac 2005 (5-Zylinder-Motor, 80 PS).

Wie auch die Konkurrenz aus Gaggenau war aber auch der Geräteträger aus Kölner Produktion vergleichsweise teuer, denn, anders als Daimler-Benz, hatte man kein so ausgeklügeltes Baukastensystem, aus dem man kostengünstig Komponenten

Auch KHD wollte mitspielen: der IN-trac 6.60 turbo, 150 PS (110 kW), 6-Zylinder, 6128 ccm, luftgekühlt.

übernehmen konnte, das schränkte auch die Möglichkeiten ein, marktgerechte Preise zu verlangen. Höhe- und Endpunkt der Modellreihe war der IN-trac 6.60 turbo mit einer Nennleistung von 150 PS. Technisch basierte er auf dem Standard-Traktor DX-6.50 und übernahm auch dessen 6,1-Liter-Motor BF6L 913.

1987 entschlossen sich KHD (Klöckner-Humboldt-Deutz) und Daimler-Benz künftig gemeinsame Wege zu gehen und vereinbarten eine Zusammenlegung ihrer Trac-Technikentwicklungs- und Vertriebsbereiche, in diesem Jahr musste KHD den ersten Bilanzverlust in der Firmengeschichte bekannt.

Unter dem Dach der Trac-Technik-Entwicklungsgesellschaft (TTE) in Köln und der Trac-Technik-Vertriebsgesellschaft (TTVG) in Gaggenau, an der Deutz jeweils zu 60 Prozent und Daimler-Benz zu 40 Prozent beteiligt waren, sollte ein gemeinsamer Vertrieb von IN-trac- und MB trac-Modellen angegangen werden, sowie die Neukonzeption und -Entwicklung einer Trac-Generation im Leistungsbereich von 70 bis 200 PS.

Doch diese Verbindung stand unter keinem guten »Stern«. Die Lage auf dem Ackerschleppermarkt war nicht zufriedenstellend, zumal sich besonders im landwirtschaftlichen Bereich eine deutliche Umstrukturierung sich abzuzeichnen begann, die letztlich auch dazu führte, dass die Traktorsparte Deutz-Fahr 1995 an die italienische SAME-Gruppe verkauft wurde, die bald darauf die Produktion von Köln nach Lauingen bei Ulm verlegte.

Gemeinsame Sache: Feldtage mit MB-trac und IN-trac in der Werbung.

Die neue MB-trac-Generation von 1987.

Die schwere Baureihe der neuen MB-trac-Generation: MB-trac 1300 turbo, 1400 turbo, 1600 turbo.

Eine neue MB-trac-Generation stellt sich vor

Noch vor Gründung der TTE (die ein neues Trac-Fahrzeugprogramm von 68 bis 180 PS entwickelte) präsentierte Daimler-Benz auf dem Internationalen Landmaschinen-Salon SIMA in Paris (8.–15. März 1987) die zweite Fahrzeuggeneration. Geblieben war die bekannten Vorzüge mit drei Anbauräumen, den gleichgroßen Rädern und der nahen Unimog-Verwandtschaft, der Rest aber präsentierte sich umfangreich überarbeitet. Die auf acht Typen erweiterte Modellpalette mit neuen Motoren deckte den Leistungsbereich von 68 bis 156 PS ab. Der Aufbau des Modellprogramms orientierte sich an der Struktur des Unimog-Programms.

Die Leichte Baureihe mit den Typen MB-trac-700 (BM 440.171, 68 PS), MB-trac 800 (BM 440.172, 78 PS) und MB-trac 900 turbo mit 90 PS gebildet. Gemeinsames Merkmal war der neuen 4-Liter-Vierzylinder-Saugmotor Motor OM 364 ausgerüstet, wobei im 900er turbo die Variante mit Abgasturbolader (OM 364 A) Verwendung fand.

Die neue Mittlere Baureihe umfasste den MB-trac 1000 (BM 441.162) mit 100 PS und, als neuen Typ im Programm, den MB-trac 1100 (BM 441.163) mit einer Leistung von 110 PS. Bei beiden sorgte der Sechszylinder-Saugmotor OM 366 für Zugkraft. Neben den Neuerungen, wie sie auch in der Leichten Baureihe zu finden waren, war bei dieser Baureihe eine Klimaanlage lieferbar. Außerdem besaßen die Typen 1000 und 1100 nun einen zusätzlichen, vor dem Motorkühler angeordneten Getriebe-Ölkühler, sofern diese Fahrzeuge mit dem optionalen Vorschaltgetriebe bestellt worden waren.

Die Schwere Baureihe bestand nun aus dem MB-trac 1300 turbo (BM 443.163, 125 PS) sowie den beiden neuen Typen MB-trac 1400 turbo (BM 443164, 136 PS) und MB-trac 1600 turbo (156 PS). Als Kraftquelle diente wiederum der Mercedes-Benz-Motor OM 366, diesmal aber mit Turboaufladung, daher lautete die vollständige, korrekte Bezeichnung OM 366 A. Kennzeichen dieser Motorenausführung war das völlig neue Luftansaugsystem mit Schwingrohr und den davon getrennten Ventildeckeln. Auch waren alle aufgeladenen Motoren mit trockenen Zylinderlaufbuchsen und mit der neuen Einspritzpumpe Typ MW mit steifem Gehäuse und größeren Einspritzelementen ausgestattet. Zu den neuen Motoren kam eine komplett neue Optik, eine neu gestaltete Motorhaube ohne Knick, ein moderneres Schaltgetriebe und die verfeinerte elektronisch gesteuerte Regelhydraulik. Mit insgesamt 2.613 Einheiten verkaufte sich der MB-trac 1000 aus der Mittleren Baureihe am besten, das Topmodell MB-trac 1600 turbo wurde 1.262 Mal gebaut.

Mit der Vorstellung der überarbeiteten Baureihen endete in Gaggenau 1988 die eigentliche Entwicklungsarbeit für den MB-trac, die zuletzt noch zu einem Niedrigschlepper speziell für Grünlandbetriebe sowie einem Flugplatz- und Industrieschlepper mit Wandlergetriebe für schwere Zugarbeiten geführt hatte. Unter der Federführung von Prof. Arno Gego, der bisher bei Kloeckner-Humboldt-Deutz den Bereich »Produktplanung Landtechnik« leitete und einer der beiden TTE-Geschäftsführer (der andere war Manfred v. Creytz, bis dahin für Absatzplanung, Produktförderung und Kundendienst des MB-trac und Unimog zuständig), begann im Rahmen des TTE-Gemeinschaftsprojekts die Entwicklung der Nachfolgebaureihe in Köln.

Trotz aller Vielseitigkeit: Die Produktion wird eingestellt

In der Agrarwirtschaft vollzog sich in den 1980er Jahren ein stetiger und rapider Strukturwandel. Während die kleinen und mittleren landwirtschaftlichen Familienbetriebe stark zurück gingen oder gar aufgeben mussten, wurden die großen Agrarbetriebe immer größer. Die Motorleistung der Schlepper wuchs weiter und Allradantrieb wurde mittlerweile Serienstandard – auch in dieser Beziehung stand der Mercedes-Tarktor nicht mehr unangefochten an der Spitze.

Was er aber nach wie vor der Konkurrenz voraus hatte war das breite Programm an Anbauteilen aus dem Unimog-Programm.

So wurde mit der Firma Werner & Co. ein Forstpaket entwickelt, das für die vielen am Markt befindlichen, speziellen Forstschlepper meist mehr als nur Konkurrenz war. Zu einem weiteren wichtigen Geräte-Partner gehörte die Firma Schmidt aus St. Blasien, deren Anbaupalette sehr breit gefächert war.

Dennoch konnte der Ackerschlepper dem Verdrängungsprozess in der Landwirtschaft nicht entkommen. Der ruinöse Preiskampf in der gesamten Schlepperbranche führte zu Koo-

Zur Hannover-Messe im April 1988 erneuerte Daimler-Benz auch seine Schweren Unimog. Das Typenprogramm mit den Baureihen 427 und 437 löste die Baureihen 424, 425 und 435 ab, und auch diese waren mit den Reihensechszylindern OM 366 bzw. OM 366 A ausgerüstet.

perationen vieler Firmen, ohne dass sich die sinkenden Absatzzahlen stabilisierten. Als im Juni 1990 der 180 PS starke MB-trac 1800 Intercooler als neues Topmodell des MB-trac Verkaufsprogramms auf der Landwirtschaftsmesse »Nordagrar« in Hannover präsentiert wurde, war das nicht mehr als der Abgesang auf eine großartige Idee: Da sich Kooperationspartner KHD aus wirtschaftlichen, finanziellen und personellen Gründen nicht in der Lage sah, trotz der intensiven Unterstützung und Zusammenarbeit der beiden Trac-Technik-Gesellschaften einen Nachfolger zur Marktreife zu bringen, war das Schlepperprojekt zum Scheitern verurteilt. Trotz hoher Akzeptanz bei den Kunden und der Traktorenentwicklung mit dem Aufbau eines kompletten Programms an Systemtraktoren war die wirtschaftliche Situation in diesem Geschäftsfeld für den Konzern nicht mehr tragbar: Am 17. Dezember 1991 lief nach 41.365 Fahrzeugen mit dem 1600 turbo der letzte MB-trac in Gaggenau vom Band.

WF-trac 1100 UCA.

Der WF-trac der Firma Werner Forst- und Industrietechnik Trier von 1993 wurde vor allem als Spezialfahrzeug in der Forstwirtschaft und zur Waldarbeit eingesetzt.

Eine neue Hoffnung?

Dennoch: Die Geschichte ging weiter. Mit Schreiben vom 16. April 1991 an den Vorstand der Mercedes-Benz AG hatte sich die Landtechnik AG Schönebeck um die Produktionsrechte nach Produktionsauslauf in Gaggenau beworben. Der einzige große Schlepperhersteller in der ehemaligen DDR versprach sich neue Systemlösungen für die Landwirtschaft und dachte an die technische Weiterentwicklung des Konzepts ab 1994. Im Grundsatz stand der Vorstand der Idee positiv gegenüber, schaltete aber eigene Experten ein, welche die Tragfähigkeit und das Geschäftsmodell unter betriebswirtschaftlichen Gesichtspunkten bewerteten. Nach eingehender Prüfung und unter Berücksichtigung der eigenen Erfahrungen auf dem Trac-Sektor gelangte man zu der Erkenntnis, dass ein Weiterbau des MB-trac auch in Schönebeck wirtschaftlich nicht zu vertreten war. Selbst im günstigsten Fall prognostizierte man jährlich Verluste von mindestens 20 bis 30 Millionen Mark. Daher wurde, nach Abwägung aller Argumente, dieser Vorschlag nicht angenommen und beschlossen, die Geschäfte mit dem MB-trac weder direkt noch indirekt weiterzuführen: Am 31. Dezember 1991 war endgültig Schluss.

Noch nicht ganz am Ende

Die Skepsis der Mercedes-Manger war berechtigt. Die Nachfolgefirma Landtechnik Schönebeck GmbH und deren Nachfolge- und Tochterfirmen GS Fahrzeug- und Systemtechnik GmbH bzw. Landtechnik Schlüter GmbH begannen Mitte der 1990er Jahre dennoch mit dem Bau von Systemtraktoren. Sie hießen »Euro-trac 1400 LS« und »LTS Systra 550«, und nach einem doch noch zustande gekommenen Lizenzvertrag mit Mercedes begann man 1997 tatsächlich mit der Produktion des LTS trac 160. Rentabel war das alles nicht, 1999 kam es zur sogenannten »Zweitprivatisierung«, in deren Folge sich die Belegschaftszahlen halbierten und die Strukturen noch unübersichtlich wurden. Die nunmehrige Doppstadt GmbH Schönebeck fertigte danach im Traktorenwerk Schönebeck diese Schlepper. Gemäß der Lizenzvereinbarung hatten die Tracs die typische Form und ein ähnliches »Gesicht« wie die Schwere Baureihe. Die Motoren lieferte Mercedes-Benz zu, die Kraftübertragung kam von ZF: Die letzten LTS hatten ein vierstufiges Lastschaltgetriebe mit 24 Vorwärts- und Rückwärtsgängen und Joystick, wahlweise war ein Kriechganggetriebe mit 20 Vorwärts- und Rückwärtsgängen zu haben. Die Elektronik stammte von Bosch, die Achsen kamen von Dana oder Raba. Der Rahmen war modifiziert worden und die Hydraulik leistungsfähiger: Der Heckkraftheber hatte eine Hubkraft von 9.250 daN, ein vergleichbarer 1600er MB-trac 6.500 daN. Viel der Komponenten waren auch in anderen Traktoren zu finden.

Egal unter welcher Bezeichnung: Keiner dieser MB-Nachfolger brachte es auf nennenswerte Stückzahlen, die Zahl liegt bei unter 500 Einheiten. Doppstadt beendete die Traktorenfertigung 2006, im Sommer wurden dann wohl die letzten Fertigungsanlagen versteigert.

1993 entwickelte die Firma »Werner Forst- und Industrietechnik« in Trier den MB-trac zu einem in der Forstwirtschaft universell einsetzbaren Fahrzeug, dem WF-trac, weiter. Bis dahin hatte Werner Forstspezialaufbauten auf MB-trac Fahrgestellen gefertigt, auch Unimog-Systeme standen im Programm. Gegenüber dem MB-trac technisch stark modifiziert, wurden in den WF-trac nur Vierzylindermotoren von Mercedes-Benz aus dem Unimog eingebaut. Der von 1993 bis 2004 gefertigte, 105 PS starke WF-trac 1100 (weitere Modelle: WF-trac 900, 1300, 1500 und 1700) zeichnete sich besonders durch einen um 270° hydraulisch drehbarer Fahrersitz, der es dem Fahrer ermöglichte, seine Sitzposition den Arbeitsbedingungen anzupassen, durch das Lastschaltgetriebe, Rückezange und Doppeltrommelwinde aus. Insgesamt wurden 290 Fahrzeuge gebaut von denen heute noch rund 220 im Betrieb sind. Der WF-trac wurde in erster Linie als Spezialfahrzeug in der Forstwirtschaft und zur Waldarbeit eingesetzt.

MB-trac 65/70: Auf der Hinterachse verbleibt noch ein erheblicher Anteil an freier Nutzlast, der durch Behälter für große Mengen Spritzbrühe, mehr Saatgut oder mehr Dünger ausgenutzt werden kann.

Programmübersicht MB-trac Baureihe 440 / 441 / 442 / 443

Typ / Verkaufsbezeichnung	Baumuster	Motor			Radstand	Stückzahl	Bauzeit
		Typ	BM	PS (kW)			
MB-trac 65/70	440.161	OM 314	314.956	65 (48)	2.400	2.714	07/1973 - 12/1975
MB-trac 700	440.162	OM 314	314.956	65 (48)	2.400	1.364	07/1975 - 10/1982
MB-trac 800	440.163	OM 314	314.957	75 (55)	2.400	8.717	08/1975 - 10/1982
MB-trac 900	440.164	OM 314	314.970	85 (63)	2.400	1.090	09/1981 - 10/1982
MB-trac 700 S/K	440.167	OM 314	314.956	65 (48)	2.400	1.569	10/1982 - 02/1987
MB-trac 800	440.168	OM 314	314.957	75 (55)	2.400	1.990	10/1982 - 02/1987
MB-trac turbo 900	440.169	OM 314 A	314.970	85 (63)	2.400	3.277	10/1982 - 02/1987
MB-trac 700 / K	440.171	OM 364	364.908	68/78 (50/57)	2.400	899	02/1987 - 12/1991
MB-trac 800	440.172	OM 364	364.909	78 (57)	2.400	835	02/1987 - 12/1991
MB-trac 900 turbo	440.173	OM 364 A	364.951	90 (66)	2.400	2.148	02/1987 - 12/1991
MB-trac 1000	441.161	OM 352	353.985	95 /70)	2.600	4.346	11/1982 - 02/1987
MB-trac 1000	441.162	OM 366	366.912	100 (74)	2.600	2.613	02/1987 - 12/1991
MB-trac 1100	441.163	OM 366	366.908	110 (81)	2.600	1.283	02/1987 - 12/1991
MB-trac 1100	442.161	OM 352	353.949	110 (81)	2.650	551	03/1976 - 10/1984
MB-trac 1100	443.160	OM 352	353.949	110 (81)	2.650	72	11/1984 - 08/1986
MB-trac 1300	443.161	OM 352 A	353.957	125 (92)	2.650	2.908	05/1976 - 02/1987
MB-trac 1500	443.162	OM 352 A	353.976	150 (110)	2.650	2.855	07/1980 - 02/1987
MB-trac 1300 turbo	443.163	OM 366 A	366.977	125 (92)	2.650	474	02/1987 - 12/1991
MB-trac 1400 turbo	443.164	OM 366 A	366.958	136 (100)	2.650	398	02/1987 - 12/1991
MB-trac 1600 turbo	443.166	OM 366 A	366.954	156 (115)	2.650	1.262	02/1987 - 12/1991
1800 Intercooler	443.166	OM 366 LA	366.954	180 (132)	2.650	190	1990 - 1991

Produktion MB-trac 1973-1991

	1973	1974	1975	1976	1977	1978	1979	1980	1981	1982	Gesamt
440											
440.161	520	1.100	1.094								**2.714**
440.162			15	148	71	128	96	270	329	307	**1.364**
440.163			359	1.734	1.401	1.360	1.350	1.053	997	463	**8.717**
440.164									182	908	**1.090**
440.167										32	
440.168										51	
440.169										86	
441											
441.161										155	
442											
442.161				99	105	16	107	21	63	67	
443											
443.161				112	573	494	448	231	172	194	
443.162								144	370	440	
Gesamt	**520**	**1.100**	**1.468**	**2.093**	**2.150**	**1.998**	**2.001**	**1.719**	**2.113**	**2.703**	

	1983	1984	1985	1986	1987	1988	1989	1990	1991		Gesamt
440											
440.167	389	350	319	426	53						**1.569**
440.168	541	422	470	468	38						**1.990**
440.169	910	727	913	587	54						**3.277**
440.171					210	198	141	220	130		**899**
440.172					228	185	157	176	89		**835**
440.173					446	441	402	461	398		**2.148**
441											
441.161	1.263	899	1.082	891	56						**4.346**
441.162					456	614	512	521	510		**2.613**
441.163					205	335	232	235	276		**1.283**
442											
442.161	13	60									**551**
443											
443.161	146	187	199	138	14						**2.908**
443.162	438	428	577	434	24						**2.855**
443.160		9	51	12							**72**
443.163					89	106	95	66	118		**474**
443.164					115	117	71	38	57		**398**
443.166					217	215	240	233	357		**1.262**
Gesamt	**3.700**	**3.082**	**3.611**	**2.956**	**2.205**	**2.211**	**1.850**	**1.950**	**1.935**		**41.365**

Ein Deutz-Intrac 2002-Systemschlepper der ersten Baureihe. Er basierte auf der DeutzD-06-Baureihe. (Foto: PD)

SYSTEMSCHLEPPER DER KONKURRENZ

Die »Intrac«-Systemschlepper

Klöckner-Humboldt-Deutz (KHD) entwickelte zu Beginn der 1970er Jahre mit dem »Intrac« einen neuen Traktorentypen, den sogenannten »Systemschlepper«. Charakteristisch für das erste Modell mit seinen gerade einmal 51 PS Leistung waren die kleinen Vorderräder und die vordere Portalachse. Darüber hinaus verfügte es über einen Frontkraftheber mit Schnellkupplungssystem und eine vorne installierte Fahrerkabine sowie die Möglichkeit, im Heck und über der Antriebsachse weitere Geräte anzubauen. 1974 erschien mit dem »Intrac 2003« ein Nachfolgemodell, das immerhin schon über 60 PS verfügte. Vier Jahre später wartete der »Intrac 2004« dann mit 70 PS Motorleistung auf. Der mit 85 PS noch stärkere »Intrac 2005« von 1974 hatte rätselhafter Weise seinen Weg nicht zu seinen Endverbrauchern gefunden. Erstmals hatte er das Charakteristikum der vier gleich großen Räder vorweggenommen und einen hydrostatischen Antrieb besessen.

Ungleich erfolgreicher war da schon der Spezialschlepper »Intrac 2011 R« bzw. seine Spezialausgabe »Intrac 2011 K« auf Raupenbasis, der mit seinem 256 PS starken Motor sowohl an die Schweizer wie auch die französische Regierung verkauft werden konnte. Der »Intrac 2011 K« wurde hierbei vom Schweizer Unternehmer Peter in Liestal hergestellt, der von KHD dafür Bausätze geliefert bekam. Zum Einsatz kamen diese mit einer Schneefräse ausgestatteten Fahrzeuge, die sowohl in Rad- als auch Kettenausführung erschienen, beim Schneeräumaufgaben in den Alpen, wo sie ihre Konkurrenten leistungsmäßig deutlich übertrafen.

Der »Intrac 2006« griff das Konzept der vier gleich großen Räder ebenso wieder auf wie den hydrostatischen Antrieb, wartete aber diesmal gleich mit 116 PS Motorleistung auf, erzielte aber dennoch nicht den gewünschten Erfolg. Der hydrostatische Antrieb der Firma Linde konnte gegenüber einem Schaltgetriebe wirkungsgradmäßig nicht überzeugen, zudem überhitzte gern der unter der Kabine liegend verbaute Motor.

Weil die verkauften Stückzahlen des Intrac letztlich also nicht die Erwartungen von KHD erfüllten, wurde 1987 zusammen mit der Daimler-Benz AG in Köln die Trac-Technik-Entwicklungsgesellschaft (TTEG) gegründet. Denn auch Daimler war mit den Verkäufen seines MB-trac nicht zufrieden; Beide Firmen planten deshalb, einen gemeinsamen Systemschlepper auf die Räder zu stellen, der seine jeweiligen Vorgänger ersetzen sollte und diesem Traktorenkonzept auf diese Weise doch noch zum durchschlagenden Erfolg verhelfen sollte. Geplant waren Modelle mit wassergekühlten Motoren (die Intrac-Schlepper hatten bisher luftgekühlte Aggregate) von 70 bis 200 PS Leistung. Doch es blieb beim Prototypen »MB-trac 1020«.

Von 1988 bis 1990 produzierte die TTEG unter der Bezeichnung »IN-trac« in kleiner Stückzahl die Modelle 6.05 (88 PS), 6.30 (115 PS), 6.30 Turbo (126 PS) und 6.60 Turbo (150 PS) mit luftgekühlten, stehenden Deutz-Motoren, Allradantrieb sowie Schaltgetrieben mit 24 bzw. 40 Vorwärts- und 6 bzw. 10 Rückwärtsgängen. Wegen zu hoher Kosten wurde die Produktion des IN-trac dann 1990 eingestellt, ein Jahr noch vor dem Ende des MB-Trac bei Daimler.

Von 1974 bis 1979 wurde der Deutz »Intrac 2003« gebaut. Seine Motorleistung hatte sich auf 60 PS erhöht.

In der zweiten Hälfte der 80er Jahre erschien der IN-trac 6.60 Turbo mit 150 PS Leistung aus einem luftgekühlten Sechszylinder-Diesel von Deutz.

Mit dem »Intrac 2002« führte Deutz zu Beginn der 70er Jahre einen vielseitigen System-Traktor ein. Sein Motor stellte 51 PS zur Verfügung. (Foto: PD)

LTS trac 160

Die Landtechnik Schönebeck (LTS) war ein traditionsreicher Traktorenhersteller, der aus dem VEB Traktorenwerk Schönebeck aus der DDR hervorgegangen war und für so bekannte ostdeutsche Schlepper wie den RS 08 »Maulwurf« oder die ZT-Serie verantwortlich zeichnete.

Nach der deutschen Wiedervereinigung im Jahr 1990 kam der einstige Volkseigene Betrieb zunächst unter Treuhandverwaltung. Später firmierte er als Landtechnik Schönebeck GmbH und versuchte sich 1996 mit dem trac 160 an der Nachfolge des MB-trac von Mercedes-Benz. Dabei kooperierte die ostdeutsche

»Doppstadt Trac 180« mit 168 PS Motorleistung aus dem Jahr 1999.

Firma mit dem schwäbischen Autobauer. Dieser bedingte sich allerdings aus, keine Fahrzeuge für den kommunalen Bereich herzustellen, weil Mercedes-Benz diesen Markt für den Unimog reserviert hatte.

Der LTS trac 160 wurde bis zum Jahr 1999 produziert. Er besaß einen wassergekühlten 6-Zylinder-Diesel von Mercedes-Benz, der für die namensgebenden 160 PS sorgte und eine Höchstgeschwindigkeit von 40 km/h sorgte. Sein Hubraum betrug 5958 ccm, sein Eigengewicht 7180 kg. Der allradgetriebene Systemschlepper verfügte außerdem über ein ZF-Lastschaltgetriebe mit bis zu 40 Vorwärts- und 40 Rückwärtsgängen. Weitere Ausstattungsmerkmale waren Front- und Heckhydraulik sowie eine Heckzapfwelle, eine nasse Fahrkupplung sowie nasse Bremsen.

Weil die Verkaufszahlen hinter den Erwartungen zurückblieben, übernahm ab 1999 die Firma Doppstadt den Systemschlepper und fertigte ihn als »Doppstadt trac 160« in unterschiedlichsten Größen, mit einer breiten Leistungspalette von 80 bis über 200 PS (z. B. Doppstadt trac 200, 200 PS aus 6-Zylinder-Turbolader von Mercedes-Benz, 6374 ccm Hubraum, Allradantrieb, nasse Lamellenkupplung, lastschaltbar, 12 Tonnen Gesamtgewicht) bis ins Jahr 2006. Doch der durchschlagende Erfolg blieb aus. Doppstadt musste Insolvenz anmelden. Es gelang in diesen Jahren nie, an die früheren Verkaufszahlen des MB-trac anzuknüpfen.

JCB

Die »Grundsteinlegung« von JCB fand in einer Garage im englischen Rocester statt, in der Joseph Cyril Bamford, Jahrgang 1916, nach dem gerade überstandenen Weltkrieg mit bescheidensten Mitteln sich eine neue Existenz begründete.

Seine Firma nannte er »J.C. Bamford Excavators Limited« – einprägsamer bekannt geworden als JCB. Bamford begann sein Geschäft mit hydraulischen Kippanhängern, die er für die Traktoren Englands entwickelte. Die Bamfords waren keine Unbekannten im Landmaschinen-Sektor Großbritanniens. Cyrils Großvater besaß eine Landmaschinen-Firma, die zu den größten des Landes gehörte und u. a. Ballenpressen, Rechen und Heuwender im Angebot hatte.

Die englische Firma JCB aus Rochester begann die Produktion ihrer Fastrac-Schlepper in den 90er Jahren. (Foto: Nicol Avory, © CC-BY-SA-2.0)

Von 2007 bis 2014 wurde der Fastrac 2170 hergestellt. Sein Cummins QSB6.7-Motor leistete 170 PS.

Mit der Zeit begann JCB sich immer mehr auf das Gebiet von Baumaschinen zu verlagern. So entstanden in den ausgehenden 40er und in den 50er Jahren selbstentwickelte Radlader, schließlich Baggerlader und 1964 Kettenbagger. Ende der 60er Jahre übernahm der stetig expandierende Betrieb den Baumaschinenhersteller Chaseside mit seinen Radladern.

In den 70er Jahren erfolgte der Sprung über den großen Teich: in Whitemarsh, Baltimore, USA, zog JCB ein neues Werk hoch. Die Einführung der hydrostatischen Laderaupe führte zu ersten Auszeichnungen, ein weiteres Erfolgskapitel eröffnete JCB 1977 mit Einführung seiner Teleskoplader. Als Firmengründer Cyril Bamford 1975 verstarb, hinterließ er seinem Sohn und Nachfolger als Geschäftsleiter ein gut bestelltes Unternehmen, das weiter auf Expansionskurs blieb.

Hatte JCB sich in den 70er Jahren zu einer der größten Herstellerfirmen in Großbritannien aufgeschwungen, so begann das englische Unternehmen in den 80er Jahren Europa und die Welt zu erobern. Mitte der 90er Jahre avancierte JCB zu Europas größtem Produzenten von Baumaschinen, mittlerweile (Stand 2015) ist es hierin die Nummer drei weltweit und beschäftigt an die 10.000 Mitarbeiter. Fabriken und Niederlassungen existieren von JCB in der ganzen Welt, ein Werk befindet sich auch in Köln Porz.

Mitte der 80er Jahre begannen sich die Briten Gedanken um ein neues Projekt abseits ihrer bisherigen Baumaschinen zu machen. JCB hatte beobachtet, dass viele Traktoren bei ihrer Arbeit gar nicht die meiste Zeit auf dem Acker herumkurvten, sondern viel mehr kostbare Zeit mit Transportarbeiten auf der Straße vertrödelten.

Betrachtete man das damalige Angebot an Traktoren, so schien es in den Augen von JCB keinen Hersteller zu geben, der sich die-

Dieser JCB Fastrac 7270 mit 260 PS zieht ein Dreiachsergüllefass. (Foto: wertuigendagen, © CC-BY-SA-2.0)

280 PS stark ist der Fastrac 8310, der seit 2011 von JCB angeboten wird.

ses Problems bislang zufriedenstellend angenommen hatte. Die Briten wollten das ändern und starteten das 12 Millionen Pfund teure »Project 130«. Hinter dieser Verklausulierung verbarg sich die Entwicklung eines »Hochgeschwindigkeits«-Traktors, der helfen sollte, den Zeitaufwand auf den Straßen um ein erkleckliches Maß zu reduzieren. Voraussetzung dafür war ein unkonventioneller Konstruktionsansatz bei Ackerschleppern.

Nach vier Jahren Entwicklungszeit stellte JCB 1990 das Ergebnis seiner Bemühungen vor, das sinnigerweise auf den Namen »Fastrac« getauft wurde. Schaute man sich das erste Modell an, so fiel sofort auf, dass der Traktor über vier gleich große Räder verfügte. Außerdem befand sich die Fahrerkabine genau in der Mitte des Fahrzeuges. JCB verwendete ein ähnliches Fahrgestell wie im LKW-Bau und stattete die Achsen des Schleppers zusätzlich mit Vollfederung aus. Weitere Merkmale waren ein Allradantrieb, Zapfwellen, eine Dreipunkt-Hydraulik und ein Sechszylinder-Dieselmotor.

1991 stand der erste Fastrac, Modell 125, in England zum Verkauf, ein Jahr später auch in Deutschland. Aufgrund seiner besonderen Konstruktionsmerkmale erreichte dieser Traktor eine Spitzengeschwindigkeit von 64 km/h auf der Straße und ist damit auch für Autobahnen zugelassen. Die erste Baureihe 100 wurde bis 1997 hergestellt, ihre Modelle leisteten zwischen 115 und 188 PS. 1995 startete die 1000er Reihe mit den Traktortypen 1115, 1115S und 1135, deren Leistungen zwischen 115 und 147 PS lagen. Im Modell 1115 kam erstmals die Vierradlenkung »Quadtronic« zur Anwendung, die für stark erhöhte Wendigkeit sorgte.

In den kommenden Jahren ergänzten weitere Reihen die Fastrac-Serie mit meist höheren Motorleistungen, 1998 die Baureihen 2000 (128–158 PS) sowie 3000 (168–188 PS, die überarbeitete Reihe ab 2002: 173–224 PS), 2005 die Baureihe 8000 mit 248 PS. Diese wurde ab 2011 ebenfalls überarbeitet: der Fastrac 8280 kam mit einem wassergekühlten Sechszylinder-Diesel mit 256 PS Leistung, das Modell 8310 mit einem ebensolchen, der 280 PS zur Verfügung stellte. Beide Schlepper wurden mit Front- und Heckkraftheber, vorderer und hinterer Zapfwelle sowie mit einem stufenlosen Getriebe geliefert. Ihre Höchstgeschwindigkeit auf der Straße betrug an die 70 km/h. 2007 stellte JCB die Reihe 7000 vor. Neben einem Powershift-Getriebe mit 24 Vorwärts- und 12 Rückwärtsgängen offerierte diese ein Leistungsspektrum zwischen 170 und 270 PS.

Die Baureihe Fastrac 3000 Xtra löste im Jahr 2010 die ältere Serie 3000 ab, in ihre beiden Schleppermodelle sind Motoren von Sisu mit 190 bzw. 220 PS verbaut. Ohne direkte Vorgängerserie wurde brandneu im Jahr 2015 die Baureihe 4000 vorgestellt. Die ersten drei Modelle – 4160, 41190 und 4220 – versprechen gesteigerte Leistungen und höhere Betriebsgeschwindigkeiten, sie stellen das Einstiegslevel in die Traktorenserien von JCB dar. Ebenfalls bestückt mit Sisu-Motoren, liegt deren Leistungsbereich zwischen 160 und 230 PS. Auch die kleinste Reihe wartet mit Kraftheber und Zapfwellen vorne und hinten auf. Das hydrostatische Vierradlenksystem ist für diese Schlepper optional zu haben.

WF trac

Einen Namen machte sich die 1902 vom Schlossermeister Johann Werner gegründete Firma Werner mit dem Bau von Seilwinden. Seit Mitte der 50er Jahre war dies das Hauptgeschäftsfeld des Unternehmens. So kam es, dass Werner wenige Jahre später auch für die Unimog-Fahrzeuge von Mercedes-Benz zuerst Seilwinden, dann alle möglichen Anbauten und Zusatzgeräte entwickelte und sich schließlich sogar auf dieses Gebiet spezialisierte.

Als Mercedes-Benz in den 70er Jahren den MB-trac für den Landwirtschaftsbereich auf den Markt brachte, kümmerte sich Werner auch um dieses Fahrzeug und rüstete den MB-trac in Trier mit Seilwinden, Frontpolterschilden und anderen Geräten zum Einsatz im Forstbereich um. Der große Erfolg gab dem Unternehmen Recht, denn die so entstandenen Forstspezialfahrzeuge wurden schnell die erfolgreichsten in Europa. Als die Produktion des MB-trac 1991 von Mercedes-Benz eingestellt wurde, entschloss sich die Werner Forst- und Industrietechnik, ihr bislang so erfolgreiches Produkt weiterzubauen und noch mehr auf den Einsatz im Forstbereich zu spezialisieren. Allerdings wurden nicht alle Modelle des MB-trac fortgeführt, sondern ab 1993 nur die leichten Modelle 900 und 1100, und zwar unter der neuen Bezeichnung »WF trac«. Zu den Neuerungen, die Werner nun einführte, gehörte eine Loadsensing-Hydraulik, ein 6-Gang-Lastschaltgetriebe und ein um 270 Grad drehbarer Fahrersitz zur Anpassung an die jeweilige Arbeitssituation. Die Fahrzeuge boten Motorleistungen von 95 bis 177 PS.

Zu Beginn der 2000er Jahre führte Werner zahlreiche Innovationen ein, wie etwa ein stufenlos leistungsverzweigtes Getriebe von ZF oder die Eigenschaft, dass nun nicht nur der Fahrersitz, sondern gleich die ganze Kabine um 270 Grad drehbar war. Nach einem Besitzerwechsel des Unternehmens 2006 stellte Werner vier Jahre später eine neue Palette an Forstmaschinen vor, die

Trat die Nachfolge des MB-trac im Forst an: Der WF-trac 900 und 1100 von der Fa. Werner aus Trier. (Foto: Michel Kaiser)

nur noch entfernt an die MB-trac erinnerten. Zu deren Hauptkennzeichen gehörten sparsamere, abgasreduzierte Vier- und Sechszylinder-Motoren von Mercedes und ein vergrößertes Fahrerhaus.

Die heutigen WF-trac-Fahrzeuge bestehen aus den Modellen WF trac 4 x 4 mit 238 PS aus einem Sechszylinder-Diesel von Mercedes-Benz, 7,2 Litern Hubraum und hydropneumatisch gefederter Vorderachse, seiner Skidder-Variante 4 x 4 S, dem WF trac 6 x6 mit Mercedes-Benz-Sechszylinder-Motor, die Skidderversion 6 x 6 S sowie dem WF trac 8 x 8, ebenfalls mit 238-PS-Sechszylinder-Motor von Daimler, der mit angehängtem Hinterwagen für die Kurzholzernte, mit abgehängtem Hinterwagen als Skidder für die Langholzernte eingesetzt werden kann. Alle Modelle verfügen über Kran, Winde, Zapfwelle, eine um 270 Grad drehbare Kabine sowie das Loadsensing-Hydrauliksystem. Ihre Höchstgeschwindigkeit liegt zwischen 40 und 50 km/h.

2015 kam die Werner Forst- und Landtechnik, die neben den Forstmaschinen in all den Jahren auch weiterhin Spezialaufbauten für den Unimog gefertigt hatte, in finanzielle Bedrängnis, weil sich durch die Umstellung auf die Abgasnorm Euro 6 viele Werner-Ausstattungsmerkmale nicht mehr umsetzen ließen und zudem Lieferengpässe entstanden, und musste letztlich Insolvenz anmelden. Der Einstieg der deutsch-niederländischen Beteiligungsgesellschaft Nimbus als Gesellschafter stellte aber dann sicher, dass die Produktion bei Werner bis heute erfolgreich weiterlaufen konnte. Heute firmiert das Unternehmen als »Werner Forst- und Industrietechnik Scharf GmbH«.

Ein WF-trac 1500 bei einer Vorführung im Siegerland. (Foto: Michel Kaiser)

Ein WF-trac Skidder beim Hantieren mit Baumstämmen. (Foto: © Werner GmbH)

DIE FAHRZEUGE

Der MB-trac 65/70 bei einer Vorführung mit Amazone TT20 Behälter und Drille.

Die Vierzylinder-Baureihen 440 (1973-1975)
MB-trac 65/70

Im Rahmen vorhandener Produktions-Kapazitäten im Werk Gaggenau und unter Verwendung von vorhandenen Aggregaten aus dem Unimog-Programm lief am 1. Juli 1973 in Gaggenau die Produktion der allradgetriebenen Arbeitsmaschine an.

Mit einem relativen Minimum an Investitionen war es so möglich, die Unimog-Konzeption zu abzuwandeln und dieses Konzept nun auch wieder für die Landwirtschaft interessant zu machen. Das passte in die Zeit, zumal auch KHD, großer Rivale auf dem Lkw-Markt, zum selben Zeitpunkt mit dem Intrac auf den Markt kommen wollte.

Zielgruppe waren in beiden Fällen bäuerliche Betriebe mit über 20 ha Ackerfläche, denn gerade diese Betriebsgrößen hatten – nicht zuletzt als Folge der großen Flurbereinigungen Anfang der 1970er Jahre – in der alten Bundesrepublik stark zugenommen. Das war wiederum nicht zuletzt eine Folge ökonomischer Notwendigkeiten gewesen: 1968/69 zum Beispiel arbeiteten in Westdeutschland 2,35 Millionen Menschen in der Landwirtschaft in 1,34 Millionen Betrieben, das heißt: Im Schnitt arbeiteten 1,7 Menschen auf einem Hof. Und nur jeder fünfte Hof war so rentabel, das in der Branche übliche Durchschnitts-einkommen von 9.500 Mark zu bezahlen. Nach Studien der Regierung kam gut ein Drittel der Vollzeit-Mitarbeiter auf einen Jahresdurchschnitt von noch nicht einmal 6500 Mark, was um 10.000 Mark unter dem Durchschnittslohn außerhalb der Landwirtschaft lag. Und selbst der kleinste 34-PS-Unimog kostete zu der Zeit rund 20.000 Mark + Steuer, ein kleiner Betrieb konnte das niemals erwirtschaften, geschweige denn auslasten. Daher hatte nach 1969 die Regierung begonnen, Prämien und Extra-Renten für Bauern, die ihren Hof verkaufen oder verpachteten, zu zahlen ebenso wie die Flur-

Markentypische Lackierung: Der Aufbau des MB-trac 65/70 war in Kieselgrau, die Kotflügel und Felgen in Blutorange lackiert.

bereinigungskosten für Kleinbauern zu übernehmen. Auf diese Art und Weise sollten rentablere Betriebsgrößen erreicht werden. Und auch im Export tat sich der Unimog als Ackerschlepper schwer, was an Zulassungs- und Zollvorschriften lag. Mit dem MB-trac sollte es nun möglich sein, neue Export-Märkte in Europa und Übersee anzugehen.

Die ersten Überlegungen, einen echten Mercedes-Traktor zu bauen, gehen zurück auf das Jahr 1967, als Gustav Krettenauer, Ingenieur im Daimler-Benz-Werk Gaggenau, das Konzept entwickelte, das zum MB-trac führen sollte. Die einzige noch im Archiv auffindbare Skizze datiert vom Januar 1969, im Juni 1969 begann die Fahrerprobung mit offenem Fahrerstand, aber Überrollbügel. Dieser Prototyp existiert tatsächlich.

Wie berichtet, war der MB-trac in Vorserienausführung dann auf der DLG-Ausstellung 1972 in Hannover erstmals zu sehen, und, ebenfalls wie berichtet, wies er viele Versatzstücke aus dem Lkw- und Unimog-Programm des Herstellers auf: Zu den entscheidenden Unterschieden gegenüber konventionellen Traktoren gehörte die Tatsache, dass der Mercedes-Traktor aus einer Lkw-Schmiede stammte. Die Herangehensweise der Konstrukteure war also anders als im klassischen Schlepperbau.

Das begann schon beim Rahmen: Während Traktoren üblicherweise in Blockbauweise entstanden – Motorblock und Getriebegehäuse übernehmen tragende Funktion – verwendete. Beim trac kam ein klassischer Lkw-Leiterrahmen aus gewalzten U-Profilen mit eingeschweißten Rohrquerträgern zum Einsatz.

Begonnen hat der erste MB-trac mit der Verkaufsbezeichnung 65/70, der unter der Baureihe 440 mit Baumuster-Nummer

440.161 geführt wurde. Die Bezeichnung leitete sich von der aufgerundeten PS-Zahl (laut DIN und SAE-Norm) ab.

Bei der SAE-Messung nach amerikanischem Standard erfolgte die Ermittlung der Motorleistung ohne die für den Betrieb des Motors erforderlichen Nebenaggregate wie Lichtmaschine, Wasserpumpe, Schalldämpfer und Luftfilter gemessen.

Der Neuentwickelte MB-trac 65/70 vereinigte auf sich alle im Unimog auch bisher schon bewährten Konstruktionsmerkmale eines echten Allradschleppers. Lediglich seine Höchstgeschwindigkeit wurde auf 25 km/h festgelegt.

Vorder- und Hinterachse waren identisch und stammten aus dem Unimog-Programm. Dabei handelte es sich um sogenannte Portalachsen. Die Hinterachse war starr mit dem Rahmen verbunden, was eine gute Bodenführung und einen einfachen Kardanwellen-Antrieb ermöglichte. Die Vorderachse mit Antrieb durch ein Schubrohr hatte Schraubenfedern und hydraulische Stoßdämpfer, dies reduzierte die Stoßbelastungen für Fahrer, Beifahrer und die angebauten Geräte. Damit wurde auch die Verwindungsfähigkeit erhöht und der Komfort gesteigert. Die hohe Bodenfreiheit aufgrund der Portalbauweise der Achsen bot besondere Vorteile für den Einsatz in Kulturen. Die Hinterräder wurden ständig angetrieben, der Vorderradantrieb und die Differenzialsperren in Vorder- und Hinterachse waren während der Fahrt pneumatisch schaltbar. Die Auslegung ergab eine Achslastverteilung von 60 zu 40; beide Achsen waren sperrbar. Bei den ersten Fahrzeugen fand sich der Allrad- und Sperrenhe-

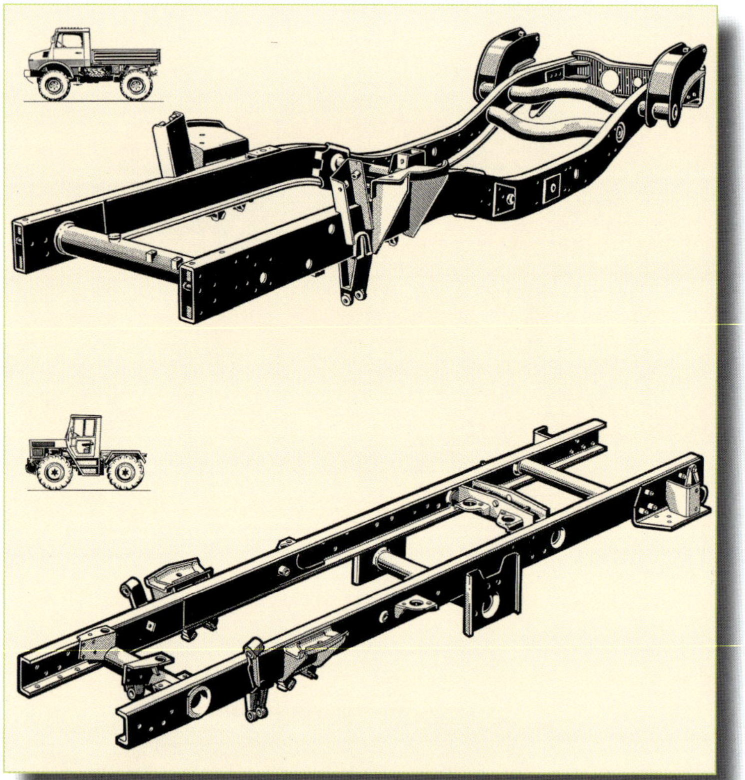

Die beiden Rahmen des Unimog und MB-trac. Hier sind schön die Unterschiede zu erkennen.

bel hinter den Geräten zur Steuerung der Hydraulik, später wanderte er, benutzerfreundlicher, als Drehschalter an die rechte Außenseite des Armaturenbretts. Die Sperren konnten während der Fahrt eingelegt werden, die Ausführung erfolgte pneumatisch, also über Luftdruck-Steuerung.

Im Betrieb ergab sich dann eine annähernd gleiche Lastverteilung auf beide Achsen ohne zusätzlichen Frontballast, sei es durch den Zugwiderstand beim Pflügen, sei es durch die Verwendung von Arbeitsgeräten im Heckanbauraum oder Aufbauraum. Auf diese Weise wurde das Gesamtgewicht für die Mehrheit aller Arbeitsgänge so gering wie möglich gehalten und – über die gleichgroßen Räder und den Allradantrieb – die Zugkraft optimal und bodenschonend bei höchster Lenksicherheit übertragen. Für besondere schwere Böden konnten natürlich zusätzlich, wie üblich, Frontgewichte angebracht werden.

Die vier gleichgroßen Räder konnten durch Auswahl unter vier verschiedenen Größen in der Reifenbreite und in der Spurweite den jeweiligen Anforderungen angepasst werden. Das Triebwerk war als Motor-Getriebe-Block an drei Punkten elastisch im Rahmen aufgehängt, wodurch die Übertragung von Schwingungen und Körperschall weitgehend gedämpft wurde. Durch die Anordnung des Motors über der Vorderachse war bereits ein Schritt in Richtung auf die optimale Gewichtsverteilung getan.

Als Antrieb diente der wassergekühlte 4-Zylinder-Dieselmotor OM 314 mit Direkteinspritzung und einem Gesamt-Hubraum von 3.782 ccm, der vom Unimog und von anderen Mercedes-Benz Nutzfahrzeugen her bekannt war. Ihn hatte man durch Zurücknahme von Einspritzmenge und Drehzahl auf eine Leistung von 65 PS gedrosselt. Seine günstige Drehmomentcharakteristik bei einem Höchstwert von 220 mkp sicherte ein stabiles Zugverhalten auch bei wechselnden Bodenwiderständen. Das

Fahrerstand des Unimog 403/406.

4-Gang-Sperrsynchrongetriebe mit Vorschaltgetriebe ergab 16 Gänge, von denen 8 auch rückwärts gefahren werden konnten.

Beim Getriebe handelte es sich um das Unimog-Getriebe UG 2/27, wie es in den Unimog-Baureihen 403 und 406, dort aber mit sechs Fahrstufen, zum Einsatz kam. Es war in der Endübersetzung auf 25 km/h ausgelegt. Ab Werk waren die oberen beiden Fahrstufen gesperrt beziehungsweise in der Drehzahl reduziert. Damit konnten die vom Gesetzgeber eingeräumten Erleichterungen für langsam fahrende landwirtschaftliche Fahrzeuge in Anspruch genommen werden. Mit anderen Worten: Dafür gab es Steuererleichterungen. Für Betriebe mit langen Transportwegen auf öffentlichen Straßen war das natürlich zu langsam, doch alle übrigen – sofern sie eine bestimmte Betriebsgröße erreichten – waren mit dem Allrad-Traktor gut bedient.

Günstig war der Mercedes-Schlepper aber nicht, er sollte 29.900 D-Mark kosten: Das sei »preiswürdig«, so der Hersteller, und, wie man heute weiß, durchaus richtig, insbesondere auch angesichts der Preise, welche für gebrauchte Maschinen heute aufgerufen und auch bezahlt werden …

Die Maximalgeschwindigkeit von 25 km/h konnte für Länder, in denen andere gesetzliche Bestimmungen als in Deutschland galten, erhöht werden.

Im Laufe der Zeit sollte sich erweisen, dass, trotz der bewährten Technik, auch der MB-trac seine Schwachstellen hatte: Immer wieder gab es Klagen wegen thermischer Probleme; Experten führten diese auf die zu geringe Menge an Getriebeöl zurück und empfahlen den Einbau eines zusätzlichen Ölkühlers.

Die Fahrkabine war zwischen den beiden Achsen angeordnet. Einmal war dies der Platz, der den besten Komfort bot, da sich die Bewegungsamplituden beim Überfahren von Unebenheiten mit einer Achse auf die Hälfte verringern und weil ein bequemer und unfallsicherer Einstieg von beiden Seiten möglich war. Zum anderen erlaubte die zentrale Sitzposition freie Sicht auf alle Arbeitsräume, d.h. nach vorne, nach hinten und nach beiden Sei-

MB-trac 65/70 mit Frontköpfer und Heckroder

ten. Sinnvoll angeordnete Fenster gestatteten ein zielgenaues Steuern der Arbeitsgeräte. Weiterhin wurde durch diese Anordnung Platz geschaffen für eine Hilfsladefläche über der Hinterachse, die sowohl als Aufbauraum für Arbeitsgeräte als auch für Bunker oder Behälter bis zu zwei Tonnen geeignet war. Zwei große seitliche Klapptüren erleichterten den Einstieg über zwei Trittstufen aus gelochtem Stahlblech.

Die Ganzstahlkabine hatte die OECD- und LBG-Prüfung bereits bestanden, was gewährleistete, dass sie in Sachen Sicherheitsanforderungen allen Regeln entsprach. Bemerkenswert war das niedrige Geräuschniveau im Innern der Kabine, das durch die geschlossene Bodengruppe und die elastische Lagerung auf dem Rahmen erreicht wurde. Seiner Funktion entsprechend wurde der gefederte, gedämpfte und mehrfach verstellbare Fahrersitz – wie bei den Lkw-Sitzen auch stammte dieser von Brendel – zentral eingebaut, der Beifahrersitz befand sich etwas zurückgesetzt links daneben und konnte hochgeklappt oder ganz herausgenommen werden. Um das Lenkrad ergonomisch richtig anordnen zu können und dabei keine komplizierten mechanischen Übertragungselemente verwenden zu müssen, wurde serienmäßig eine hydrostatische Lenkung eingebaut, anders als beim Lkw fanden sich hier keine mechanische Verbindung zwischen Lenkrad und Rad: Die Kraftübertragung erfolgte auf hydraulischem Wege. Bei eventuellem Ausfall der vom Motor angetriebenen Druckölpumpe war die Lenkfähigkeit dennoch sichergestellt, wenn sie auch deutlich höhere Handkräfte erforderte. Das Armaturenbrett verfügte über zwei große Rundinstrumente, unter einer Abdeckung verborgen, befand sich der Sicherungskasten. Alle übrigen Betätigungselemente waren ebenfalls funktionsgerecht und leicht erreichbar angeordnet. Die Fahrerkabine verfügte über eine Heizungs- und Lüftungsanlage, abnehmbare Türen und eine aufrollbare Rückwand. Die Sichtverhältnisse gehörten zu den ganz großen Stärken des Fahrzeugs.

Im Frontanbauraum bestanden durch eine stark dimensionierte Platte gleiche Anbaumöglichkeiten wie beim Unimog, es konnte aber auch ein Schnellwechselanbausystem System Weiste in Verbindung mit Schnellkuppeleinrichtungen verwendet werden. Der seitenstabile Frontkraftheber, mit der Geräte bis zu 1.200 kg ausgehoben werden konnten, ermöglichte höchste Zielgenauigkeit beim Steuern der Front-Arbeitsgeräte. Der Heckanbau von Arbeitsgeräten war durch das international genormte Dreipunktgestänge der Kategorie II – Hubkraft 3.000 kg – und die Verwendbarkeit verschiedener Schnellanbausysteme problemlos. Je nach Belastung, insbesondere in der Forstwirtschaft, kam es aber immer wieder zu Federbrüchen

Der MB-trac 65/70 bei der Vorstellung auf der Händlertagung in Rotenfels.

Schöne Kombi: Ein MB-trac in der Rübenkampagne, hier zu sehen mit Atlas-Bagger und Rübengreifer.

Schnell machte sich auch die Fa. Schmidt mit dem MB-trac vertraut: Die Palette an Unimog-Anbaugeräten passten auch auf den MB-trac, was diesen auch für Kommunalbetriebe interessant machte.

MB-trac 65/70 mit Front-Ballastgewicht und Pflug hinten.

an der Vorderachse; im Ersatzteilhandel waren stärkere Federn lieferbar. Die Kraftheberanlage wurde serienmäßig mit doppeltwirkender Freigangausführung mit Servotrak-Einrichtung geliefert. Die elektronisch gesteuerte Regelhydraulik war in Vorbereitung, zum Produktionsbeginn aber noch nicht verfügbar. Damit wurde dann sowohl die Zugwiderstands- und Lageregelung als auch Mischregelung möglich.

Die genormten Zapfwellenanschlüsse für volle Motorleistung im Front- und Heckanbauraum waren mechanisch wählbar, umschaltbar auf 540 oder 1000 U/min und pneumatisch unter Last schaltbar. Zur Grundausrüstung gehörte auch die komplette Hydraulikanlage, die mit einem Ölvolumen von 30 Liter und einer Zahnradpumpe für 40 Liter/Minute bei einem Arbeitsdruck von 180 bar reichlich dimensioniert war. Bis zu vier Steuergeräte mit je zwei Steckanschlüssen waren vorn und hinten kombinierbar.

Die Betriebsbremse des MB-trac war als hydraulische Innenbacken-Vierradbremse ausgelegt. Für die Bremsung von Anhängern stand Druckluft aus der serienmäßigen Druckluftanlage zur Verfügung, die u.a. für die Betätigung der Differenzialsperren und der Zapfwellenkupplung benötigt wurde. Der Druckluftspeicher war allerdings nach Meinung mancher Nutzer zu klein dimensioniert. Auf Wunsch konnte über die Hydraulikanlage auch eine hydraulische Anhängerbremse gesteuert werden. Eine Hitchkupplung erlaubte das Mitführen schwerer Einachsanhänger. Auch ein Zugpendel kam später hinzu.

Wie gut das neue Konzept ankam, zeigte sich bereits auf der DLG-Ausstellung, bei der bereits rund 350 Bestellungen getätigt wurden, wiewohl noch kein Auslieferungsbeginn genannt werden konnte. Beim Ausstellungsfahrzeug handelte es sich um einen von zwei Prototypen, der gerade noch rechtzeitig zur Messe hatte komplettiert werden können.

Die ersten Modelle waren in Kieselgrau und Blutorange lackiert, die letzten dann in Kieselgrau und Feuerrot.

Schon vor Einführung der mittleren Baureihe übertrafen die ersten Vorbestellungen auch die hoch gespannten Erwartungen der Mercedes-Konstrukteure vollständig. Als 1973 die Serienfertigung des MB-trac 65/70 begann, zeigte sich bald, dass es für den MB-trac, neben dem Haupteinsatzgebiet in der Landwirtschaft, auch bei Industrie, Kommunen und im Gewerbe vielfältige Einsatzmöglichkeiten geben würde.

MB-trac 65/70 als Allradschlepper für die Landwirtschaft stellt in Verbindung mit dem Kipptank und einem angebauten Zentrifugaldüngerstreuer einen selbstfahrenden Großflächenstreuer dar.

MB-trac 65/70 als Allradschlepper für die Forstwirtschaft. Schwachholz-Bringung mit Forstausrüstung der Firma Werner, Trier.

Auch für den Forsteinsatz schien er durch seine hohe Bodenfreiheit von 500 Millimetern, der gefederten Vorderachse, die pneumatischen Differenzialsperren und die gute Rundumsicht bestens geeignet zu sein; allerdings kam es vereinzelt später zu Rahmenbrüchen.

Schon knapp ein Jahr nach seinem Serienanlauf präsentierte auf der Interforst 1974 in München die Firma Werner aus Trier einen Forstschlepper auf Basis der MB-trac 65/70, der sich in kurzer Zeit wieder für landwirtschaftliche Einsätze umrüsten ließ. Nach dem Unimog U 401 von 1954 erhielt dieser MB-trac 65/70 mit Werner-Forstausrüstung 1975 das Prüfprädikat »geeignet und zu empfehlen« für die Forstwirtschaft.

Von Anfang an wurde der Mercedes-Traktor mit vier verschiedenen Reifendimensionen angeboten. Der Grundpreis mit 32-Zoll-Sechslochfelgen und Reifen der Dimension 8,5-32 lag bei 37.405 Mark und war damit deutlich teurer als geplant. Wer den 65/70er mit großvolumigen 14,9-24 Reifen bestellte, musste im Jahr 1974 schon DM 38.078,- bezahlen.

Wie beim Unimog bestens bewährt, gab es auch für den MB-trac gegen Mehrpreis eine große Auswahl an Zusatz- und Sonderausrüstungen, die sich vom Getriebe und Zapfwellen, Pneumatik und Hydraulik, Rahmen und Fahrwerk, Instrumente, Fahrzeugaufbau bis hin zu modernen Radial-Reifen erstreckten. Beim Wegfall der Fertiglackierung gab es sogar einen Minderpreis von DM 83,-.

Im ersten Produktionsjahr 1973 wurden 520 Einheiten hergestellt. Ein Jahr später waren es bereits weitere 1.100 MB-trac, die das Werk in Gaggenau verließen. Als im Dezember 1975 die Produktion des MB-trac 65/70 der Baureihe 440 endete, waren insgesamt 2.714 Exemplare vom BM 440.161 hergestellt worden. Mit neuer Verkaufsbezeichnung, aber in Aussehen und Ausstattung dem 65/70 gleich, setzte er ab Mitte 1975 als »MB-trac 700« unter der BM-Nummer 440.162 seine Karriere fort.

MB trac 65/70
TOL
216

MB-trac 65/70: Die großen angetriebenen Vorderräder sind die Gewähr für hohe Leistungen bei der Arbeit mit dem Frontlader.

MB-trac 65/70. Heuernte und Schwader.

MB-trac 65/70. Sicherheit auch beim Transport durch serienmäßige hydraulische Allradfußbremse und druckluftbetätigte Anhängerbremsanlage für gebrauchte Lkw-Anhänger.

MB-trac 65/70 bei einer Grünlandvorführung.

MB-trac 65/70 mit Ballenpresse und Hochbordanhänger bei der Heubergung.

MB-trac Baureihe 440 – Typ 65/70 – BM 440.161 1973-1975	
Motor	
Baumuster (BM)	314.956
Bauart	Daimler-Benz 4-Zyl.-Viertakt-Diesel-Direkteinspritzer, stehend in Reihe Typ OM 314/VII
Bohrung x Hub	97 x 128 mm
Hubraum	3.782 ccm
Leistung	65 PS (48 kW) 2.400/min
Drehmoment	216 Nm (22 kpm) bei 1.600/min
Verdichtung	17 : 1
Gemischbereitung	Bosch -Einspritzpumpe
Kühlung	Wasserkühlung mit Thermostat (15 Liter Kühlwasservorrat)
Luftfilter	Trockenluftfilter mit Vorzyklon und Sicherheitspatrone, elektr. Wartungsanzeige
Elektr. Anlage	490 W, 14 V/35 A, Batterie 12 V/110 Ah
Kraftübertragung	
Antrieb	Vorderachsantrieb und Differenzialsperren in beiden Achsen, während der Fahrt ohne Zugkraftunterbrechung pneumatisch zu- und abschaltbar (Allrad)
Kupplung	2 Einscheiben-Trockenkupplung, 280 mm, getrennt schaltbar
Getriebe	Vollsynchr. Schaltgetriebe mit integriertem Vorderradantrieb (Allrad), Vorschaltgetriebe, 4 V / 3 R,
Fahrgeschwindigkeit	4,77 / 8,63 / 13,03 / 21,46 km/h
Gruppe I	0,11 / 0,20 / 0,30 / 0,50 km/h
Gruppe II	1,02 / 1,85 / 2,79 / 4,60 km/h
rückwärts	5,96 / 10,12 / 16,29 km/h
Achsübersetzung	i = 6,53
Fahrwerk	
Rahmen	Leiterrahmen aus gewalztem U-Profil mit Rohrquerträgern
Fahrerhaus	Ganzstahl-Sicherheitskabine, 3-punktartig gelagert, 2sitzig, nach hinten kippbar
Achsen/Federung	Portalachsen mit Differenzialsperren und Radvorgelegen, baugleich vorn und hinten
vorn	mit Schubrohr, Schraubenfedern, Teleskopstoßdämpfer, Querlenker
hinten	starr mit dem Rahmen verbunden, Kardanwellen-Antrieb
Bremsen	Hydr. Einkreis-Trommelbremsen, druckluftbetätigte Federspeicher-Feststellbremse auf die Hinterräder wirkend
Anhängekupplung	nicht selbsttätig, Rockinger 278 B, zul. Stützlast 1.500 kg
vorn / hinten	Anhängemaul mit Steckbolzen (30 mm) / höhenverstellbar
Drucklufterzeugung	luftgekühlter Kompressor über Nockenwelle direkt vom Motor angetrieben, Förderleistung 115 Liter/min bei 8 bar / 2400/min, Inhalt 35,5 Liter
Lenkung	hydrostatische Lenkung mit 2 Lenkzylindern und separater Pumpe
Räder	9x32 / 10x28 / 12x24
Bereifung	9,5-32 / 11,2R-28 / 12,4-28 / 14,9/80-24
Allgemeine Daten	
Radstand	2.400 mm
Spurweite v/h	1.540 - 1.800 mm
Gesamtmaße	4.200 x 2.040 x 2.650 mm
Vorbaumaß	1.010 mm
Bodenfreiheit/Diff.	520 mm
Böschungswinkel v	37°
Höchstgeschw.	20 / 25 km/h
kl. Wendekreis	10,6 Meter
Leergewicht	3.100 kg
zul. Gesamtgewicht	6.000 kg
zul. Achslast v/h	60% / 40%
zul. Anh.Last gebr.	16.000 kg
Füllmenge Motor	9 Liter
Kraftstofftank	120 Liter

Preise / Lieferausführung MB trac 65/70 Baureihe 440 Stand 6/1974				
Preise MB trac 65/70 (BM 440.161)				
	9,5 - 32 10 PR	11,2 - 28 8 PR	12,4 - 28 8 PR	14,9 -24 8 PR
Grundpreis	**37.405,--**	**37.153,--**	**37.433,--**	**38.078,--**
				(Preise in DM ohne Mehrwertsteuer)
Lieferausführung				
Motor:	MB-4-Zylinder-Diesel-Direkteinspritzmotor, Typ OM 314, 65 PS (48 kW) bei 2.400/min Startpilot, Kühlerfrostschutzmittel bis -25° C. Tankinhalt 120 Liter			
Elektrik:	Drehstromlichtmaschine, 14 V / 35 A (490 Watt), Batterie 12 V / 110 Ah			
Armaturen:	Traktormeter; Kombiinstrument für Öldruck, Temperatur, Kraftstoff, Druckluft, Blinkkontrollleuchten			
Antrieb:	Allradantrieb mit Differenzialsperren in beiden Achsen, Vorderachse gefedert			
Getriebe	MB-Sperrsynchrongetriebe mit 16 Vorwärts- und 16 Rückwärtsgängen			
Zapfwelle:	Hinten lastschaltbar, 1 3/8" Keilwellen- oder Evolventenprofil, 1 3/4" Keilwellenprofil umschalt-			
Bremsanlage:	Hydraulische Vierrad-Betriebsbremse, mech. Feststellbremse auf Hinterachse			
Lenkung:	Hydrostatische Servolenkung			
Anhängekupplung	Hinten Fangmaul mit Steckbolzen, vorn Anhängemaul			
Fahrerhaus:	OECD und LBG geprüfte Ganzstahl-Kabine mit Heizungs- und Lüftungsanlage			
Fahrersitz:	Hydraulisch, gewichtseinstellbar, Längs- u. Höhenverstellung, Neigungsverst. f. Rückenlehne			
Beifahrersitz:	Gepolstert, klappbar in Kabine, herausnehmbar			
Hydraulik:	180 bar, 40 L/min, 30 L Ölvolumen, doppeltwirkender Freigangkraftheber, Kat. II mit mech. Raddruckverstärker Servotrak und kurzer Anhängeschiene, 3.000 kp Hubkraft			
Zapfwelle:	hinten lastschaltbar, umschaltbar von 540 auf 1.000/min, 1 3/8" Code 140 oder 1 3/4" Code 142			
Zubehör:	Werkzeugsatz, Wagenheber, Unterlegkeil, Verbandskasten mit Halter, Warnblinkanlage, Warndreieck, Warnleuchte			
Lackierung:	Aufbau kieselgrau RAL 7032, Kotflügel und Felgen blutorange RAL 2002			

Sonderausrüstungen MB trac 65/70 Baureihe 440

Getriebe / Zapfwellen		
126	Zapfwelle vorn 1 3/8" Keilwellenprofil	**394,--**
128	Zapfwelle vorn 1 3/4" Keilwellenprofil	**394,--**
Pneumatik / Hydraulik		
703	2. Steuerventil mit hydr. Anschluß vorn u. hinten, je 2fach	**550,--**
704	2.+3. Steuerventil mit hydr. Anschluß vorn u. hinten, je 4fach	**1.100,--**
705	2.+3.+4. Steuerventil mit hydr. Anschluß vorn u. hinten, je 4fach	**1.400,--**
257	Frontkraftheber (i.Vb. 703/704/705)	**896,--**
764	Sep. Rücklaufleitung vorn	**35,--**
754	Sep. Rücklaufleitung hinten	**50,--**
720	Anhängerbremsanlage Druckluft	**502,--**
Rahmen / Fahrwerk		
230	Vorderfedern verstärkt	**35,--**
260	Siebkorb	**20,--**
273	Tankverschluß abschließbar	**14,--**
342	Zusatzgewicht á 45 kg	**125,--**
343	Halter für Zusatzgewichte	**218,--**
988	Unterbodenschutz	**32,--**
259	Zusatzplatte an Frontplatte	**218,--**

Instrumente			
463	Scheibenwaschanlage		**66,--**
860	Arbeitsscheinwerfer hinten		**83,--**
661	Zusatzscheinwerfer vorn		**140,--**
856	Scheinwerfer unten (anstelle Serie)		**32,--**
Aufbau			
516	Geräteaufbaurahmen		**171,--**
460	Windschutzscheibe Sigla		**45,--**
477	Drehgriff für Lenkrad		**14,--**
Räder			
664	Reserverad bereift	9,5-32 Acker	**683,--**
668		11,2-28 Acker, 8 PR	**620,--**
668		11,2R-28 Acker, 8 PR	**640,--**
668		12,4-28 Acker, 8 PR	**690,--**
668		12,4R-28 Acker, 8 PR	**710,--**
661		14,9-24 Acker, 8 PR	**852,--**
661		14,9R-24 Acker, 8 PR	**882,--**
Mehrpreis für Radial-Reifen			
		11,2 R 28 statt 11,2-28 8 PR	**80,--**
		12,4 R 28 statt 12,4-28 8 PR	**80,--**
		14,9 R 24 statt 14,9-24 8 PR	**120,--**
Minderpreis Wegfall der Fertiglackierung			**83,--**

KARTOFFEL-SAMMELRODER E 671/5

Der Kartoffel-Sammelroder E 671/5 erledigt die Arbeitsprozesse Roden, Absieben, Krauttrennen, Trennung der Beimengungen und Verladen des Erntegutes. Er ist zur Ernte von Speise-, Pflanz- und Industriekartoffeln auf gut bis mittelschwer siebfähigen Böden einsetzbar. Der Beimengungsanteil im Rodegut kann bis zu 80 Masse-Prozent vorwiegend runde Steine betragen (Kartoffeln = 100 Masse-Prozent).

Der Kartoffel-Sammelroder E 671/5 erhielt das Prüfprädikat: DLG-anerkannt.

Technische Daten

Arbeitsbreite	2 Reihen
Reihenabstand	75 cm
Arbeitstiefe	bis 220 mm unter Dammkrone
Hangeinsatzgrenze	bis 15 % Neigung in Schichtlinie; volle Arbeitsqualität bis 8 %
Abgabehöhe des Elevators	1370 ... 2680 mm
Energiequelle	Radschlepper ab 38 kW mit Heckzapfwelle und hydraulisch höhenverstellbarer Anhängeschiene
Kopplung mit dem Traktor	aufgesattelt

Technische Charakteristik

Dammaufnahme durch zwei gegenläufig rotierende, angetriebene Scheibenschare. Dammdruckwalzen vor den Scheibenscharen zum zerdrücken verkrusteter Dämme und zur stabilen Tiefenführung. Verschleißarme Hochleistungssiebketten mit einstellbarer Siebintensität.

Krauttrennkette mit Rückhaltefedern für Grobkraut; grobprofiliertes Gummifingerband (Neigungswinkel verstellbar) für Feinkraut.
Beimengungstrennung durch Gummifingerband-Bürstentrenneinrichtung. Auslesebänder zur manuellen Korrektur von Fehltrennungen und zum Aussortieren kranker und beschädigter Knollen.

Bedienung über hydraulisches Wegeventil vom Traktorsitz aus;
Einstellen der Arbeitstiefe und der Abgabehöhe des Verladeelevators, Radlenkung zur Verringerung des Wendekreises und zum Ausgleich der Abdrift am Hang.
Stufengetriebe für Zapfwellendrehzahlen von 540 min⁻¹ und 426 min⁻¹ zum besseren Anpassen der Arbeitsgeschwindigkeiten des Traktors an das Durchsatzvermögen der Erntemaschine.

Der Kartoffel-Sammelroder E 671/5 ist TÜV- und unfallschutzgeprüft.

Wir sind bestrebt, unsere Erzeugnisse ständig weiterzuentwickeln. Ausführung und technische Daten können sich deshalb ändern und sind erst nach schriftlicher Bestätigung durch den Hersteller verbindlich.

FORTSCHRITT

Kombinat Fortschritt Landmaschinen

Exporteur:
Fortschritt Landmaschinen Export-Import
Volkseigener Außenhandelsbetrieb der Deutschen Demokratischen Republik · DDR-1185 Berlin

Hersteller:
VEB Weimar-Werk
DDR - 5300 Weimar

Importeur:
H. F. Maack, Wagenfabrik
GmbH & Co. KG
Wiesenstraße 16/18
D-2132 Visselhövede

Fa. Karl Loewe
Hauptstraße 24
D-8016 Heimstetten

Zu beziehen durch:

RG 8 104 80 V 19 12

Selbst das DDR-Landmaschinenkombinat »Fortschritt« warb auf einem ihrer exportorientierten Prospekte mit einem MB-trac als Zugfahrzeug.

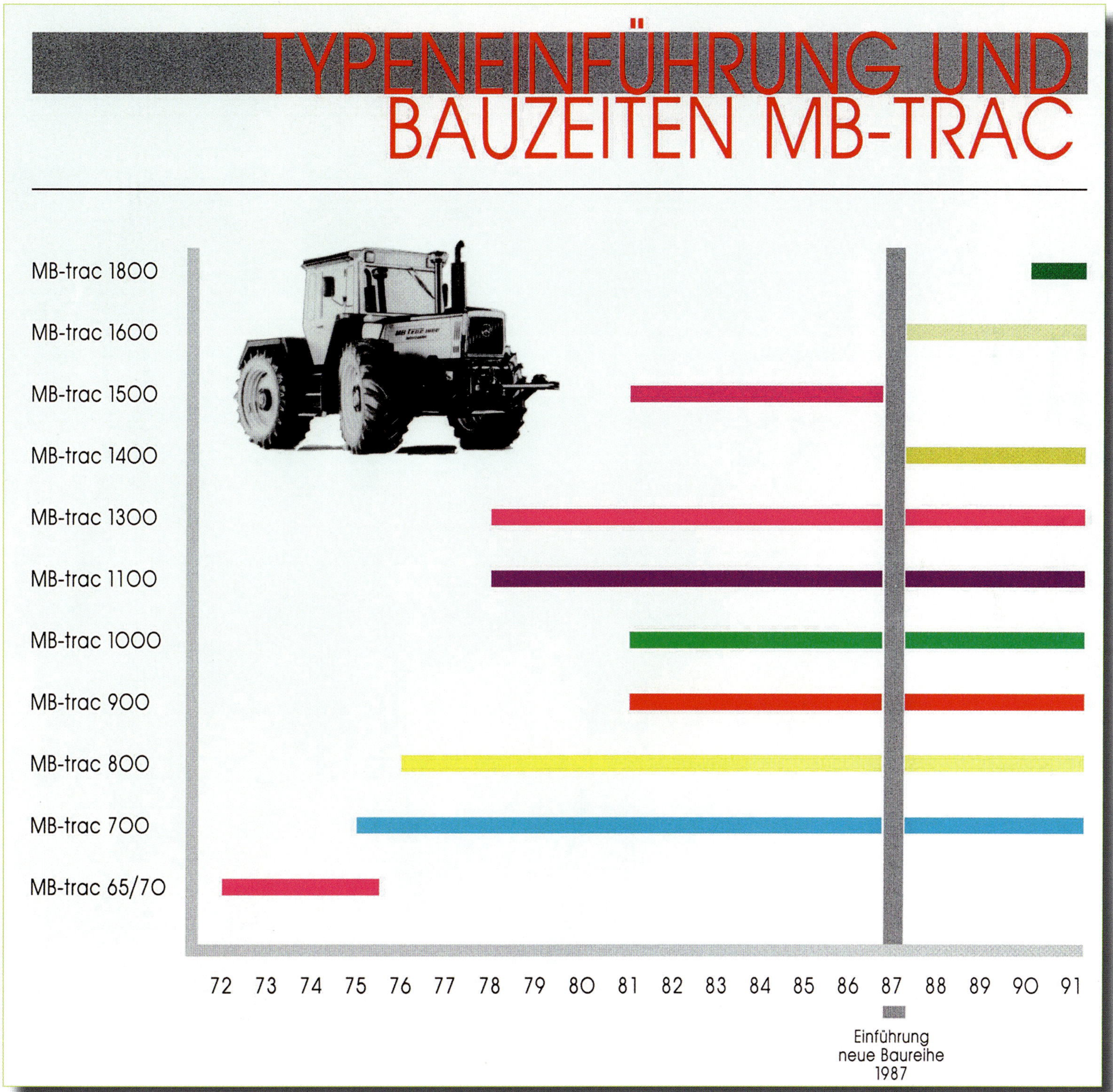
TYPENEINFÜHRUNG UND BAUZEITEN MB-TRAC
MB-trac 1800
MB-trac 1600
MB-trac 1500
MB-trac 1400
MB-trac 1300
MB-trac 1100
MB-trac 1000
MB-trac 900
MB-trac 800
MB-trac 700
MB-trac 65/70
72
73
74
75
76
77
78
79
80
81
82
83
84
85
86
87
88
89
90
91
Einführung neue Baureihe 1987

Der MB-trac 65/70 im landwirtschaftlichen Jahr

Pflügen

Eine der wichtigsten Ackerbauarbeiten ist nach wie vor das Pflügen. Erhöhte Ansprüche an die Pflugarbeit setzen erhöhte Leistung voraus: Größere Bearbeitungstiefe, größere Arbeitsbreite, höhere Arbeitsgeschwindigkeit. Die Erfüllung dieser Leistungsforderungen ist jedoch nicht nur eine Frage von mehr oder weniger »PS«, sondern der ausgewogene Gesamtkonzeption eines modernen Schleppers.

Die Ausgewogenheit bot der MB-trac 65/70: Über den echten Allradantrieb mit vier gleichgroßen Rädern, Differenzialsperre in beiden Achsen und richtiger Gewichtsverteilung brachte er auch unter schwierigen Verhältnissen seine Motorkraft von 65 PS voll »auf den Boden«. Der starke Kraftheber, Kategorie II, hob mit einer Hubkraft von 3.000 kp auch schwere Pflüge spielend aus – ohne Einschränkung der Lenksicherheit.

Der MB-trac hatte ein ausgewogenes Gewichtsverhältniss auch mit schwerem Gerät-

Düngen

Bei steigendem Düngeraufwand je Flächeneinheit und großen Schlägen bedarf es größerer, leistungsfähiger Streueinheiten mit hohem Volumen, damit die Düngung schnell und rationell erfolgen konnte.

Der MB-trac 65/70 nahm die üblichen Streuer im Dreipunkt-Gestänge auf und hatte zusätzlich hinter dem Fahrerhaus einen Kipptank mit1.500 Liter Inhalt – daraus ergab sich praktisch ein Gesamtvolumen von über 2.000 Liter. Aus dem Kipptank wurde der Dünger während der Fahrt kontinuierlich dem Streugerät zugeführt. So werden unproduktive Nebenzeiten bei bescheidenem Investitionsaufwand auf ein Minimum reduziert.

Der Allradantrieb ohne Voreilung der Vorderachse bot darüber hinaus die Gewähr für größtmögliche Boden- und Kulturschonung. Die gleichen Vorteile ergaben sich auch beim Ausbringen flüssiger oder fester Düngemittel.

MB-trac 65/70. Dank Behälter für große Mengen Spritzbrühe auf der Hinterachse wird der Aktionsradius des Schleppers vergrößerten kann ohne Nachfüllen und Leerzeiten bearbeitet werden.

Saatbettvorbereitung

Möglichst große Arbeitsbreite bei hohen Fahrgeschwindigkeiten erbringen hohe Flächenleistungen, wie sie zunehmend bei der Saatbettbereitung gefordert wurden. Erfüllt wurde diese Forderung durch den Einsatz moderner Gerätekombinationen an zugstarken Schleppern: echten Allradschleppern.

Der MB-trac 65/70 war unter mittleren Bodenverhältnissen für 3,30 m breite Kombinationen ausgelegt. Sehr vorteilhaft konnte er zusätzlich in seinem Aufbauraum eine Spritze mit 1.250 Liter Fassungsvermögen aufnehmen, so dass gleichzeitig z.B. Herbizide oder Flüssigdüngerlösung ausgebracht und eingearbeitet werden konnte – bei geringsten Verdampfungsverlusten.

MB-trac 65/70. Einzelkornsaat mit Frontreihenpacker und Bandspritze in einem Arbeitsgang.

Bestellung
Von erheblichem Einfluss auf den Ernteertrag der Feldfrüchte war der richtige Zeitpunkt der Aussaat. Bei vereinfachten Anbauverhältnissen waren große Flächen in möglichst kurzer Zeit zu bestellen. Der MB-trac 65/70 trug und hob auch schwerste Drillmaschinen. Aus dem Kipptank mit zusätzlichen 1.500 Liter Inhalt konnte die Drillmaschine mit Saatgut nachgefüllt werden, so dass je nach Aussaatstärke ca. 5-10 ha in einem Zug ohne Nebenzeiten gedrillt werden konnten. Bei der Einzelkornsaat war die Kombination mit Aufbauspritze zur Flächen- oder Bandspritzung möglich. Am Frontkraftheber, Kategorie II, konnten Streifenbodenbearbeitungswerkzeuge angeordnet werden. Auch schwere Kartoffel-Legemaschinen stellten für den MB-trac 65/70 kein Problem dar. Die Maschine hatte ihr Hauptgewicht auf der Vorderachse – sie blieb immer voll lenkfähig.

Pflege und Schädlingsbekämpfung
Wirkungsvolle Spritzarbeit musste termingerecht und kurzfristig durchgeführt werden, daher wurden größere Volumen und Arbeitsbreiten gefordert. Hackarbeit erfordern gute Sicht, deshalb der vermehrte Einsatz von Frontgeräten, um auch beim Hacken die Einmannarbeit zu ermöglichen.

Der MB-trac 65/70 hatte einen Frontkraftheber mit Schnellanbautaschen als Zwei-Phasen-Schnellkuppler. Sowohl vorne als auch hinten konnten die marktgängigen Ein- oder Zwei-Phasen-Kupplungssysteme angebracht werden. Zum Frontkraftheber mit einer Hubkraft von 1.400 kp standen Geräte (Heckgeräte) verschiedener Arbeitsbreite zur Verfügung – auf Wunsch mit zusammenklappbaren Werkzeugschienen für die Straßenfahrt. Für die chemische Pflanzenpflege nahm der MB-trac 65/70 Spritzfässer mit einem Inhalt von 1.250 Liter und mehr auf, dazu vorn oder im Heck angeordnete Feldspritzleitungen verschiedener Arbeitsbreiten in höhenverstellbarer Ausführung.

Erntearbeiten
Die Ernte von Heu, Silage, Getreide und Hackfrüchten stellten hohe Ansprüche an den Schlepper sowohl beim Geräteantrieb als auch beim Transporteinsatz. Der MB-trac hatte lastschaltbare Front- und Heckzapfwellen mit 540/1000 Umdrehungen pro Minute. Die volle Motorleistung stand zur Verfügung, ob für Erntemaschinen oder Folgegeräte. Beim Einsatz mit front- oder heckseitigen Mähwerken oder Heuwerbegeräten, Maschinen zur Getreideernte und Strohbergung und bei der Hackfruchternte zeigte sich dann ganz besonders die Überlegenheit des Allradantriebes auf vier gleichgroße Räder.

MB-trac 65/70. Rationale Erledigung der Einzelkornsaat in einem Arbeitsgang: Saat, Spritzen und Streifenbodenbearbeitung.

MB-trac 65/70: MB-trac mit Frontpacker und aufgebauter Spritzanlage. Eine äußerst leistungsfähige Kombination.

Der MB-trac war wie gemacht für die Rübenernte.

Transporte

Die Landwirtschaft stand immer wieder vor Transportaufgaben, sei es bei der Düngung, der Saat, der Ernte oder bei der täglichen Versorgung des Viehs. Meistens musste der Schlepper diese Aufgaben in Verbindung mit geeigneten Transportmitteln übernehmen.

Der MB-trac mit seiner »Europa-Geschwindigkeit« von 25 km/h, seinen Allradantrieb über vier gleichgroße Räder und seiner hydraulischen Allradfußbremse bot die Gewähr für die sichere und schnelle Erledigung der anfallenden Transporte. Die Bremsanlage konnte bei geringem Kosten- und Bauaufwand zur Druckluft-Anhängerbremsanlage erweitert werden, denn Kompressor und Luftkessel (Reifenfüll-Anschluss) waren serienmäßiger Bestandteil der Maschine. Auch schlechtes Wetter konnte dem Fahrer nichts anhaben. Er saß sicher in einer komfortablen Kabine mit Heizungs- und Lüftungsanlage.

MB-trac 95/105 (Prototyp) Baureihe 442 (1974)

Auf der DLG in Frankfurt im September 1974 präsentierte Daimler-Benz zusammen mit dem neuen Unimog U 120 erstmals den MB-trac 95/105, der damals sicherlich zu den modernsten Hochleistungsackerschleppern für zukunftsorientierte landtechnische Arbeitsverfahren bei schwerer Bodenbearbeitung und großflächiger Saatbettvorbereitung, bei Feldbestellung und Ernte zählte.

Der MB-trac besaß das gleiche Grundgetriebe wie der Unimog U 120; entsprechend der Endgeschwindigkeit von 25 km/h wurde es jedoch auf 6 Gänge reduziert. Dieses Grundgetriebe war durch eine nachgeschaltete Planetengruppe um 8 Arbeitsgänge erweitert und konnte mit 8 zusätzlichen Kriechgängen ergänzt werden. Dementsprechend standen 14, auf Wunsch 22 Gänge, zur Verfügung. Sämtliche Gänge waren vorwärts und rückwärts schaltbar und synchronisiert. Der MB-trac 95/105 erreichte damit Geschwindigkeiten zwischen 0,1 und 25 km/h. Ausgestattet mit Allradantrieb auf 4 gleichgroße Räder (in der Grundausführung 14,9-30 10 PR, wahlweise 16,9-30 8 PR und 9,5-36 10 PR), ausschaltbarem Vorderachsantrieb und während der Fahrt schaltbaren Differenzialsperren in beiden Achsen entsprach er der Unimog-Konzeption.

Auch der MB-trac 95/105, Radstand 2550 mm, bot die Spurmöglichkeiten 1800 bzw. 2000 mm. Anstelle der Stirnradvorgelege beim Unimog besaß er jedoch Außenplaneten-Radvorgelege, wie sie in den schweren Mercedes-Benz-Lkw-Achsen verwendet wurden. Dadurch wurde eine Gesamtübersetzung an der Achse von 1:14 erreicht. Die maximale Hubkraft am unteren Anlenkpunkt des Dreipunktgestänges betrug ca. 40.000 N (4.000 kp), die höchste erreichbare Zugkraft ca. 60.000 N (6.000 kp).

Die beim MB-trac 65/70 bereits verwirklichte Zentral-Sitzanordnung wurde auch beim MB-trac 95/105 beibehalten. Er wurde allerdings – eine Novität im Schlepperbau bei Daimler-Benz – als Schlepper für zwei Fahrtrichtungen mit einem drehbaren Sitzpodest entwickelt, der das Arbeiten in beiden Fahrtrichtungen erlaubte und zur weiteren Rationalisierung moderner landtechnischer Arbeitsverfahren beitrug. Auf einem zentralen Drehkranz konnte das Sitzpodest mit dem Lenkrad, den Fußhebeln, den Schaltern für die Elektrik und den erforderlichen Kontrollinstrumenten um 180° gedreht werden. Die Schalthebel für Getriebe, Hydraulik und Zapfwelle waren dabei einseitig im Griffbereich der linken bzw. der rechten Hand angeordnet. Die Drehsinnänderung der Lenkung erfolgte bei der Drehung automatisch.

Eine weitere Besonderheit dieses Arbeitsplatzes war die allseitige, von der Fahrerkabine vollkommen getrennte, geräuschisolierte Verkleidung des Motors. Die Kabine war außerdem durch 4 weiche Gummilager ganz vom Fahrgestell isoliert, so dass Geräusche und Erschütterungen auf sie nicht übertragen wurden. Die Motorzapfwelle, unabhängig und von 540 auf 1000 U/min umschaltbar, entsprach dem gegenwärtig gültigen Standard, und konnte die volle Motorleistung übertragen. Ebenso war auf Wunsch eine Getriebezapfwelle lieferbar. Eine starke Hydraulikanlage erfüllte bezüglich Hubkraft (4.000 kp), Ölvorratsmenge (bis 35 Liter) und Pumpenleistung (40 Liter/min) alle Anforderungen für den Betrieb schwerer Geräte und Maschinen. Eine Hitschkupplung auf Wunsch komplettierte das Angebot, das diesem neuen, leistungsstarken Allradschlepper auch besonderen Anforderungen gewachsen sein ließ.

Mit ihrem Angebot von insgesamt 4 schnellfahrenden Typen auf dem Unimog-Sektor von 52 bis 120 PS und den beiden MB-trac mit 65 und 95 PS bot die Daimler-Benz AG zeitgemäßen und zukunftsorientierten landwirtschaftlichen Betrieben jeweils den Schlepper in der entsprechenden Leistungsklasse und Bauweise an, der den individuellen Gegebenheiten der nach Form, Lage und Größe stark differenzierten landwirtschaftlichen Betrieben technologisch und wirtschaftlich am besten gerecht wurde. Allerdings wurde der MB-trac 95/105 nur auf der DLG in Frankfurt 1974 ausgestellt, aber nicht gebaut. Erst zwei Jahre später, 1976, wurde er als MB-trac 1100 der Baureihe 442 produziert.

Mit Einführung des MB-trac 800 lautete die Typenbezeichnung des 65/70 auf MB-trac 700. Folglich änderte man die Prototypbezeichnung des 95/105 in MB-trac 1000. In Serie ging der MB-trac als 1100.

MB-trac – Baureihe 442 – Typ 95/105 – Prototyp 1974	
Motor	
Bauart	Daimler-Benz 6-Zylinder-Viertakt-Diesel-Direkteinspritzer, stehend in Reihe Typ OM 352
Bohrung x Hub	97 x 128 mm
Hubraum	5.675 ccm
Leistung	95 PS (70 kW) 2.600/min
Drehmoment	290 Nm / 1.600/min
Verdichtung	17 : 1
Gemischbereitung	Bosch -Reiheneinspritzpumpe mit RSV-Regler
Kühlung	Wasserkühlung mit Thermostat (21 Liter Kühlwasservorrat)
Luftfilter	Trockenluftfilter
Elektr. Anlage	Drehstromlichtmaschine 490 Watt, 12 Volt, Batterie 12 V / 110 Ah, Scheinwerfer mit asymmetrischem Abblendlicht 45/40 Watt, Lenksäulenschalter für Blinker, Abblendlicht, Signalhorn; Scheibenwaschanlage
Kraftübertragung	
Antrieb	Vorderachsantrieb und Differenzialsperren in beiden Achsen, während der Fahrt ohne Zugkraftunterbrechung pneumatisch zu- und abschaltbar (Allrad)
Kupplung	Zweischeiben-Trockenkupplung, Druckplattendurchmesser 310 mm, Anpreßfläche 564 cm^2
Getriebe	Vollsynchr. 6-Gang Schaltgetriebe mit integriertem Vorderradantrieb (Allrad), alle Gänge auch rückwärts fahrbar, Nachschaltgetriebe, Wunsch: 8 Arbeitsgänge und Kriechgänge, Nebenabtrieb für Zapfwellenantrieb v.+hi.
Zapfwelle	Motorzapfwelle vorn und hinten 540 und 1000/min, Ölhydraulisch unter Last über Lamellenkupplung schaltbar
Hydraulikanlage	Ölentnahmemenge 17 Liter/35 Liter, Pumpenleistung 40 Liter/min, Arbeitsdruck 200 bar, Steuergerät max. 4zellig, je 8 Steckanschlüsse v/hi mit separaten Rücklaufleitungen
Kraftheber hinten	Arbeitszylinder, genormtes Dreipunktgestänge Kat. III, Hubkraft 40.000 kp am unteren Anlenkpunkt, Raddruckverstärker "Servotrac"
Fahrwerk	
Rahmen	Leiterrahmen aus gewalztem U-Profil mit Rohrquerträgern
Fahrerhaus	OECD-geprüfte Ganzstahl-Sicherheitskabine für 2 Personen, in Gummi-Elementen gelagert, seitlich kippbar beidseitiger Einstieg, großflächige, rutschsichere Stufen, herausnehmbare Türen, drehbare Baueinheit, Innenausstattung: Heizungs- und Frischluftzufuhr über Filter, Dachluke, Einbau von Klima-Anlage möglich
Achsen / Federung	Außenplanetenachsen mit Differenzialsperren, baugleich vorn und hinten
vorn	mit Schubrohr, Schraubenfedern, Teleskopstoßdämpfer, Querlenker
hinten	starr mit dem Rahmen verbunden, Kardanwellen-Antrieb
Bremsen	Betriebsbremse: Vierrad-Innenbackenbremse mit Druckluftunterstützung, druckluftbetätigte Federspeicher-Feststellbremse auf die Hinterräder wirkend
Drucklufterzeugung	luftgekühlter Kompressor über Nockenwelle direkt vom Motor angetrieben Förderleistung 133/128 Liter/min bei 7 bar / 2400/min, Inhalt 10 und 30 Liter
Lenkung	hydrostatische Servolenkung mit separater Hydraulik-Anlage
Bereifung	9,5 - 36 /10 PR (Wunsch: als Spur-Zwilling); 14,9 - 30 /10 PR; 16,9 - 30 / 8 PR (Wunsch)
Instrumente	Tractormeter, Kombi-Instrument für Öldruckanzeige, Fernthermometer, Kraftstoffanzeige, Druckmesser
Sonderausrüstungen	Druckluftanhängerbremsanlage 1,2 oder kombiniert 1- und 2-Leitung, Frontkraftheber, Getriebezapfwelle, Frontgewichte, Zusatzscheinwerfer, Windschutzscheibe ausstellbar, Lenkrad höhenverstellbar
Allgemeine Daten	
Radstand	2.650 mm
Spurweite v/h	1.800 mm / 2000 mm
Höchstgeschw.	25 km/h
kl. Wendekreis	14,0 Meter
Leergewicht	5.200 kg
zul. Gesamtgewicht	8.000 kg
zul. Achslast v/h	4.800 kg
zul. Anh.Last gebremst	16.000 kg
Füllmenge Motor	13 Liter
Kraftstofftank	160 Liter

MB-trac 700 Baureihe 440 (1975-1987)
MB-trac 800 Baureihe 440 (1975-1987)
MB-trac 900 / turbo 900 Baureihe 440 (1981-1987)

1975 wurde nun auch beim MB-trac, wie beim Unimog, die Anzahl an Baumustern erweitert. Zwar wurde im September 1974 auf der DLG in Frankfurt die Studie eines schweren MB-trac mit der Bezeichnung 95/105 präsentiert, aber gebaut wurde die

Auch der MB-trac 700 wurde anfangs in der Lackierung Kieselgrau/Blutorange angeboten.

Studie nicht. Zur Marktreife wurde zunächst der MB-trac 700 geführt. Mit neuer Verkaufsbezeichnung, aber in Aussehen und Ausstattung dem 65/70 gleich, setzte er mit dem Produktionsbeginn im August 1975 unter der BM-Nummer 440.162 seine Karriere fort. Seine Kabine erhielt als Neuerung eine Blechrückwand mit Kurbelfenster statt der bisher üblichen Rolljalousie. Als wichtige Änderungen wurde beim MB-trac 700 der kritische 4. Kriechgang gesperrt. Er war mit einem Listenpreis in Grundausstattung von DM 43.980,-- das Einstiegsmodell in die künftige »mittlere« Baureihe.

Marktreife hatte auch der MB-trac 800, der ebenfalls 1975 als BM 440.163 in Produktion ging und dort bis 1982 blieb. Mit einer Produktionszahl von 8.717 Einheiten avancierte der 800er stückzahlmäßig zum Spitzenreiter unter den MB-trac Baumustern. Nun verfügte der MB-trac über eine Leistung von 72 PS, 1979 erhielt der MB-trac 800 einen 75-PS-starken Motor, die er aus dem stehend eingebauten 4-Zylinder-Direkteinspritzer von 3,8-Liter Hubraum Typ OM 314 (BM 314.957) bezog. Technisch modifiziert und weiter entwickelt, aber äußerlich dem MB-trac 700 gleich, erhielt der MB-trac 800 der mittleren Baureihe zur Entlastung des Getriebes eine mehr als doppelt so große Achsübersetzung. Das so feiner abgestufte Getriebe verfügte nun über die 2x4-Schaltung mit 14 Vorwärts- statt 8 Vorwärtsgängen und war sogar auf Wunsch ohne Mehrpreis mit einem Schnellgang für 40 km/h lieferbar, wodurch sich die Anzahl der Vorwärtsgänge auf 16 erhöhte. Damit wurde der MB-trac 800 zum Vorreiter der 40 km/h-Traktoren, denn erst ab 1997, nach mehr als 20 Jahren, wurden sie in der EG verwirklicht.

Speziell für die Grünland-Landwirtschaft: MB-trac 700 G.

Der 72 PS starke MB-trac 800 erhielt 1979 einen 75 PS starken Motor und verfügte nun im Gegensatz zum MB-trac 700 über Scheibenbremsen. Beiden gemein waren hydraulische Radbremsen an allen vier Rädern, die auf Wunsch einen Druckluft-Bremskraftverstärker erhielten. Auch unterschied er sich in der Hydraulik von der kleineren 65 PS-Variante durch einen Regelkraftheber mit Zugwiderstands-, Lage- und Mischregelung, durch ein Dreipunktgestänge Kategorie II und durch eine kurze Ackerschiene. Zu einem Mehrpreis von DM 420,-- ließ sich der MB-trac 700 auch mit dieser Regelhydraulik ausrüsten. Um den kleineren 700er MB-trac noch universeller einsetzen zu können erfuhr auch er Anfang der 1980er Jahre verschiedene Modifikationen.

Ende der 1970er Jahre erweiterte sich das Einsatzgebiet des MB-trac um zahlreiche Geräte für den kommunalen Einsatz. Als BM 440.167 entstand 1979 die Variante 700 K. Das K stand für kommunal. Der MB-trac 700 K besaß den Motor des MB-trac 800, dessen Leistung von 72 auf 75 PS erhöht wurde. Er erhielt auch die 2x4-Schaltung und seine 14 Vorwärtsgänge standen somit für Fahrgeschwindigkeiten bis 40 km/h zur Verfügung. Wie beim Unimog U 403/U 406 betrug die Reifengröße 20". Ausgerüstet mit der Unimog-Ladepritsche (1.475 x 1.890 x 400 mm) hinter der Kabine, die anfangs nur nach hinten kippbar war und speziellen Bereifungsmöglichkeiten und Anbauvorrichtungen für Winterdienstgeräte. Entsprechend seines Einsatzgebietes war der MB-trac 700 K in gelborange RAL 2000 lackiert. Für die Landwirtschaft gab es die Pritsche der Fa. Reck, die auf den Geräterahmen aufgebaut war.

Speziell der MB-trac 700 K, eine perfekte Allradmaschine, erwies sich als preisgünstige Alternative im Kommunaleinsatz, wenn es darum ging, dem Unimog ein adäquates »Zweitfahrzeug« zur Seite zu stellen, das die Schnellfahreigenschaften nicht zwingend erforderte. Immerhin erlaubte der 40 km/h-Schnellgang dem MB-trac 700 K eine für den Normaleinsatz weitgehend ausreichende Geschwindigkeit. Daneben gab es Varianten mit 25 und 32 km/h Endgeschwindigkeit. Wenn es darauf ankam, schaffte die hydraulische Vierradbremse und eine Druckluft-Bremsverstärkeranlage die Voraussetzung zu sicherem Fahren und Halten.

Der kompakt gebaute, wendige MB-trac ließ bei Einsätzen auf und neben der Straße auch aus dieser Sicht keine Wünsche offen. Durch die vorhandene Druckluftanlage war das Fahrzeug zudem kostengünstig mit einer Anhängerbremsanlage im kombinierten Ein- und Zweileitungssystem auszurüsten.

All diese »persönlichen Eigenschaften« des MB-trac K machten in ihrer Summe die kaum zu überbietende Eignung zur vielseitigen Arbeitsmaschine aus. Vielseitigkeit – mit der Effektivität des Spezialisten, dieses Qualitätsprädikat zeichnete das Fahrzeug unverwechselbar aus. In der Wintersaison wurden auch harte Räumprobleme zum Wohle der Bürger bestens gelöst. Hierbei wurde die volle Motorleistung des MB-trac K über die Zapfwellen auf die Winterdienstgeräte übertragen und in Arbeitsleistung umgesetzt. Lenksicherheit und Spurtreue blieben dabei auch bei großen Seitenkräften voll erhalten, in jeder Einsatzphase war die richtige Vorschubgeschwindigkeit gewährleistet. In der übrigen Zeit des Jahres erlaubte ein breitgefächertes Mähgeräteprogramm – für Einsätze auf gepflegten Rasenflächen bis hin zu verwildertem Brachland – zügiges, boden- und grasnarbenschonendes Arbeiten. Für besonders empfindliche Flächen oder den Einsatz auf Sport- und Hartplätzen standen Spezialreifen zur Verfügung. Der Frontlader war ein genauso ideales Arbeitswerkzeug wie Geräte zur Wegepflege und Unterhaltung. Bei Einsatz

MB-trac 700 K als vielseitig einsetzbare Allradmaschine für den öffentlichen Dienst.

MB-trac 700 nach der ersten Modelpflege.

des Heckplanierschilds erleichterte die gute Sicht nach hinten die Arbeit. Arbeitsfahrzeuge mit 40 km/h Endgeschwindigkeit brauchten keinen Fahrtenschreiber und keine jährliche TÜV-Kontrolle. Aber Allradantrieb und während der Fahrt zuschaltbare Differenzialsperren schaffen für den in jeder Gemeinde genauso erforderlichen »Transporter« MB-trac K auch bei schweren Lasten und in schwierigem Gelände Überlegenheit.

Auch die Leichte MB-trac-Baureihe wurde erstmalig in der Farbe Hellgelbgrün (MB 6840) der Schweren Baureihe vorgestellt. Die Motorhaubenoberseite und die Front waren schwarz lackiert.

Bei seiner Vorstellung 1980 auf der DLG-Ausstellung in Hannover war auch die 2x4-Schaltung das besondere Kennzeichen des MB-trac 700 S. S stand hier für Schnellgang und war für die normalen Zug- und Pflegearbeiten vorgesehen. Mit der Bereifung 14,9-24 erlaubten die zwölf Vorwärtsgänge Fahrgeschwindigkeiten bis 30 km/h.

In einer weiteren Variante entstand der MB-trac 700 G Grünland und entsprach besonders den Einsatzbedingungen wie sie auf Grünlandbetrieben zu finden waren. Mit den zusätzlichen 2 Gängen lief der MB-trac 700 G mit den 20"-MPT-Reifen des Unimog 40 km/h.

Ende der 1970er Jahre verlangte der Markt nach leistungsstärkeren MB-trac der Leichten Baureihe, denn die Programmlücke zwischen MB-trac 800 und MB-trac 1100 der Schweren Baureihe war zu groß. Zudem verkaufte sich der MB-trac 1100 schlecht, er hatte ein zu hohes Leistungsgewicht. Im September 1981, anlässlich der Noria in Rendsburg und auf dem Zentralen-Landwirtschaftsfest (ZLF) in München 1981 präsentierte sich erstmals der MB-trac 900 (BM 440.164) der Mittleren Baureihe 440 mit 85 PS. Ein Jahr später, 1982, erhielt er wegen seines 4-Zylinder-Turbodiesels OM 314 A die Verkaufsbezeichnung MB-trac turbo 900

MB-trac 700 I als Zugmaschine für innerbetriebliche Transportarbeiten.

MB-trac 700 l als Zugmaschine für alle innerbetrieblichen Transportarbeiten.

Arbeitsplatz im MB-trac 700 l.

(BM 440.169) und das neue Fahrerhaus mit Dachluke aus dem Mercedes NG-Programm hatte. Die Reifengröße betrug jetzt 16,9R24. Eine pneumatische Schaltung des Zwischenganges reduzierte beim Getriebe UG 2/27 die Anzahl Schalthebel. So auch der sperrige Handbremshebel, der durch ein Handventil für die Federspeicherbremse ersetzt wurde, aber nach wie vor auf die Scheibenbremsen der Hinterachse wirkte. Eine weitere Modifikation war die feste Rückwand mit Kurbelfenster. War sie bis dahin als Alternative zur aufrollbaren Rückwand aus PVC lieferbar, so wurde sie jetzt zum Standard. Die runden Hauptscheinwerfer wurden als Unterscheidung zu den kleineren Typen durch viereckige ersetzt, waren für diese später dann allerdings auch optional viereckig lieferbar.

Zum ersten Mal, gut acht Jahre nach Serienanlauf des ersten MB-trac, gab es mit der Präsentation des MB-trac 900 eine Traktorenreihe aus sechs Typen von 65 bis 150 PS. Mit dem Erscheinen des MB-trac 1000, ein Jahr später, wurde die Lücke zwischen der kleinen und großen MB-trac-Baureihe geschlossen. Änderungen an der Leichten Baureihe waren die Folge.

In dieser Zeit flossen in das MB-trac-Programm einige wichtige technische und konstruktive Verbesserungen ein. So bekamen die Fahrerhäuser der Mittleren Baureihe eine feststehende Seitenscheibe zwischen A-Säule und Fahrertür und das Dach wurde höher verlegt, um die Aufnahme von Zusatzscheinwerfern zu ermöglichen. Serienmäßig neu war jetzt, wie auch bei allen Modellen der Mittleren Baureihe, ein neues Getriebe mit neuer moder-

MB-trac 700 nach der zweiten Modellpflege
mit dem neuen Motor OM 364.

MB-trac 700: Höchste Bodenschonung auch bei hoher Zuladung dank der gleich großen Räder und des Allradantriebs.

nerer pneumatischer Schaltung und der Schalthebelanordnung auf der rechten Seite. Die neu entwickelte Außensynchronisierung erreichte eine erhebliche Einsparung an Bauvolumen und die merklich erhöhte Bremskraft des Außensynchronringes verringerte die Schaltwege am Schalthebel spürbar und ermöglichte sowohl eine Gruppen- als auch eine Vorwärts-Rückwärtssynchronisierung.

Alle MB trac-Ackerschlepper wurden mit einer Endgeschwindigkeit von 25 km/h geliefert. Sie entsprachen damit voll den vom Gesetzgeber vorgegebenen Anforderungen. Auf Wunsch wurde ohne Mehrpreis auch ein Schnellgang angeboten, der beim MB trac 800 auf 40 km/h Endgeschwindigkeit ausgelegt war.

Für alle Modelle der Mittleren Baureihe, MB-trac 700, 800, 900 turbo und 1000, wurde jetzt die neue Drehzahlbegrenzung angeboten, die nach Einlegung des größten Ganges auf elektro-pneumatischem Weg den Anschlag des Reglers veränderte und damit die Motordrehzahl in diesem Gang (begrenzte) blockierte. Dadurch wurde ein »Spargang« geschaffen, der den Kraftstoffverbrauch besonders im Bereich der Leerfahrten bei Transporten, merklich senkte. Durch Drehzahlbegrenzung konnte beim MB-trac 700 die Endgeschwindigkeit von 40 km/h, beim 700 G (Grünland) von ca. 32 km/h (Führerschein 4 + 5) dargestellt werden. MB-trac 700 G und turbo 900 erhielten durch Drehzahlanschlag die bauartbedingten Endgeschwindigkeiten von ca. 32 km/h ohne Änderung der Achsübersetzung, deshalb konnte jederzeit zwischen den gewünschten Endgeschwindigkeiten, 25 km/h (Normal), 32 km/h (Drehzahlbegrenzung) und 40 km/h (Schnellgang), variiert werden (TÜV-Abnahme und Eintragung in Kfz.-Papiere nötig).Wie bisher nur beim MB-trac 900 (OM 314 A), hatten ab 1982 alle Motoren einen Trockenluftfilter mit Sicherheitspatrone und elektrischer Wartungsanzeige.

MB-trac 800 mit Bandspritze und Frontreihenpacker bei der Rübensaat.

MB-trac 800 bei der Herbizideinarbeitung.

Dem Wunsch nach reduzierter Gesamthöhe bei den MB-trac-Typen der Mittleren Baureihe, besonders beim MB-trac 700, kam man mit einer Niedrigkabine des Kabinenherstellers Walter Mauser aus dem österreichischen Breitenau nach, die als eine weitere Neuheit auf dem ZLF im April 1983 erstmals präsentiert wurde. Geordert werden konnte die Neuheit für den Mehrpreis von DM 425,--. Ausgestattet mit ausstellbarer Front- und Heckscheibe, ausstellbaren vorderen Seitenscheiben und Radiokonsole mit Ablagefächern, von der Firma Mauser produziert und und in der Unimog- und MB-trac-Großvertretung Henne München aufgebaut, war die Niedrigkabine vor allem für niedrige Stall- und Toreinfahrten gedacht. Durch die Verwendung dickwandigen Spezialprofils konnte die Rundumsicht weiter verbessert werden. Immerhin reduzierte sie die Bauhöhe um 210 mm. Der Innenraum entsprach in der Breite der Komfortkabine, auch Beifahrer hatten einen vollwertigen Sitzplatz. Die geringere Bauhöhe der Niedrigkabine bedingte eine um 60 mm tiefere Sitzposition des Fahrers. Mit der Niedrigkabine konnten der MB-trac 700, MB-trac 700 G, MB-trac 800 und MB-trac turbo 900 ausgerüstet werden. Die Niedrigkabine war OECD-geprüft und erfüllte alle weiteren gesetzlichen Vorschriften.

Alle MB trac-Typen werden von Haus aus mit einer Druckluftanlage ausgestattet, da auch zu einer kombinierten Ein- und Zweileitungs-Bremsanlage erweitert werden konnte. Die MB trac-Ackerschlepper waren mit OECD-geprüften Komfortkabinen ausgestattet. Sie waren gegen Geräusche wirkungsvoll isoliert, boten optimale Sicht nach allen Seiten, bequemen Einstieg und viel Platz für Fahrer und Beifahrer.

Auch beim Anbau von Frontgeräten erwies sich der MB trac-Allradschlepper dem weitaus größten Teil von Schleppern herkömmlicher Bauart überlegen. In der Kombination von Front- und Heckgeräten, komplettiert durch Aufsatzgeräte hinter dem Fahrerhaus, waren besonders rationelle Arbeitsverfahren darstellbar. Die serienmäßige Regelhydraulik bei allen MB trac-Typen schaffte die Voraussetzung für hohe Hektarleistungen beim Pflügen.

Weiterentwicklungen auf dem Gerätesektor hatten auch neue Anforderungen an die Schlepper gestellt, insbesondere beim Betreiben von Frontgeräten. Ab Mitte 1983 wurde im Hinblick auf die neue Baureihe MB-trac 700 bis 1000 auch der Frontkraftheber für diese Typen in wesentlichen Punkten weiter entwickelt: Die Hubkraft wurde auf 1.800 bzw. 2.000 daN erhöht. Die Kupplungspunkte waren in Längsrichtung variabel absteckbar, dadurch konnten Geräte näher an der Vorderachse angelenkt und das Vorbaumaß reduziert werden. Die Kupplungsteile waren an beiden Seiten mit Pendelausgleich versehen. Die Anlenkpunkte waren 150 mm näher an der Vorderachse. Das ergab durch kürzere Hebelarme bessere Achslastverhältnisse vorn und hinten.

Arbeitsplatz im MB-trac 800.

Der bereits im Juni 1982 vorgestellte neue Grünlandreifen 17,5LR24 Michelin Bib X M16 war ab Juli 1983 sofort für die MB-trac 800, 900 turbo und 1000 ab Werk lieferbar. Mit diesem Reifen war nun sowohl der MB-trac 800, turbo 900 als auch der MB-trac 1000 als echter Grünlandschlepper lieferbar.

Auch die Typen der Mittleren Baureihe erhielten 1984 den neuen stahlgefederten Hydrauliksitz Typ Isri 6000/516 der Firma Isringhausen, der als Sonderausrüstung mit Luftfederung den Fahrkomfort nochmals erhöhte. Die MB-trac 700-1000 konnten ab Februar 1984 mit einer neuen integrierten Belüftung ausgestattet werden. Die Luft wurde auf beiden Seiten im vorderen Dachbereich mit je einem Radialgebläse angesaugt und dabei über großflächige Lamellenfilter geführt. Die Radialgebläse hatten eine Förderleistung von zusammen 520 m^3 Luft pro Stunde und erzeugen dabei einen Überdruck von 20 Pascal (ca. 2 mm Wassersäule) in der Kabine. Im Innenraum übernahmen im Dachbereich sechs einstellbare Düsen die Verteilung der Frischluft. Das Gehäuse der integrierten Lüftungsanlage bot die Einbaumöglichkeit für Radio und einem Lautsprecher. Zusätzlich war ein verschließbares Ablagefach vorhanden. Zur Wartung und Pflege konnten die Filter, über einfache Drehverschlüsse gehalten, von außen leicht erreicht und gereinigt werden.

Von Anfang an floss in das Programm der MB-trac-Allradschlepper eine Reihe von Produktneuerungen ein, die das technische Angebot noch weiter perfektionierten. So ab Anfang 1986, als auf Grund des landwirtschaftlichen Anforderungsprofils einerseits und der verschiedenen Reifengrößen andererseits der Frontkraftheber für MB-trac 700 bis 1000 modifiziert wurde. Die Hubkräfte am Koppelpunkt erhöhten sich. Sie betrugen beim MB-trac 1000 jetzt 2500 daN und für die MB-trac-Typen 700 bis 900 nun 2350 daN. Gegenüber der bisherigen Ausführung konnten jetzt die Unterlenker einfach demontiert werden. Darüber hinaus verfügte die Schwinge über drei Anlenkbohrungen für den Hubzylinder, um den Hubbereich zu variieren. Die Hubkräfte waren als durchgehend zu verstehen.

Als neue Sonderausführung für die MB-trac 700 bis 1000 war ein Schalter für die 3. Bremse lieferbar. In der Landwirtschaft wurden häufig gebrauchte Lkw-Anhänger benutzt. Diese verfügten bei einem zulässigen Gesamtgewicht ab 9 Tonnen über eine Dauerbremseinrichtung, die über diesen Schalter betätigt werden konnte.

Der MB-trac 800 Baumuster 440.163 war mit 8717 Exemplaren der meistverkaufte Allradschlepper der MB-trac-Familie. →

MB trac
800

MB-trac 800 mit der Reifengröße 16.9 24 was eine Sonderausstattung war. Serienmäßig wurde der 800er mit der Bereifung 14.9 24 ausgeliefert.

Der im September 1981 auf der Noria in Rendsburg und anlässlich des Zentral-Landwirtschaftsfestes in München vorgestellte MB-trac 900, Baumuster 440.164, erkennbar an den beiden quadratischen Scheinwerfern unterhalb des Kühlergrills und ohne den Schriftzug »turbo«, war mit dem Motor OM 314 A ausgestattet und hatte 85 PS. Obwohl er nur vom September 1981 bis Oktober 1982 gebaut wurde brachte er es in 13 Monaten immerhin auf stolze 1.090 Stück. Der ab Oktober 1982 angebotene MB-trac turbo 900, jetzt mit separaten Scheinwerfern, steuerte bis Februar 1987 nur weitere 3.277 Exemplare bei. Auf 8.717 Einheiten brachte es der 800er, er war somit der meistgebaute MB-trac.

Als es für die Mittlere Baureihe (MB-trac 700, 800, turbo 900 und 1000) im Jahre 1987 auch zu einem Generationswechsel kam, hatten in diesen 15 Jahren seit ihrer Premiere im Jahre 1973 insgesamt 25.067 Fahrzeuge die Fertigungsbänder im Werk Gaggenau verlassen.

MB-trac turbo 900: Zum Ballenpressen und Transportieren mit hoher Lastreserven, Rahmenbauweise, echter Allradantrieb.

Der MB-trac turbo 900 als leistungsstarker Allradschlepper mit hoher Flächenleistung.

MB-trac 700 G bei der Grünfutter-Ernte mit Grünlandbereifung zur Grasnarben Schonung.

Ab Anfang 1983 gab es eine Niedrigkabine für MB-trac 700, 800 und turbo 900.

MB-trac turbo 900. Hohe Ladeleistung beim Frontladereinsatz durch leichtgängige hydrostatische Lenkung.

MB-trac turbo 900.

MB-trac 700 G mit Mauser-Niedrigkabine für die Futtererne.

MB-trac 800 mit Pflegebereifung. Einstellung des Einzelkorn-Sähgerätes.

MB-trac 800 mit Frontkraftheber und Frontzapfwelle.

MB-trac 800 .

MB-trac 800 mit Reihenpacker, Einzelkorn-Sähgerät und Bandspritze.

Prospekt 1985

Komfort beim Einstieg: Über rutschsichere Trittstufen bequem in die Großraum-Komfortkabine.

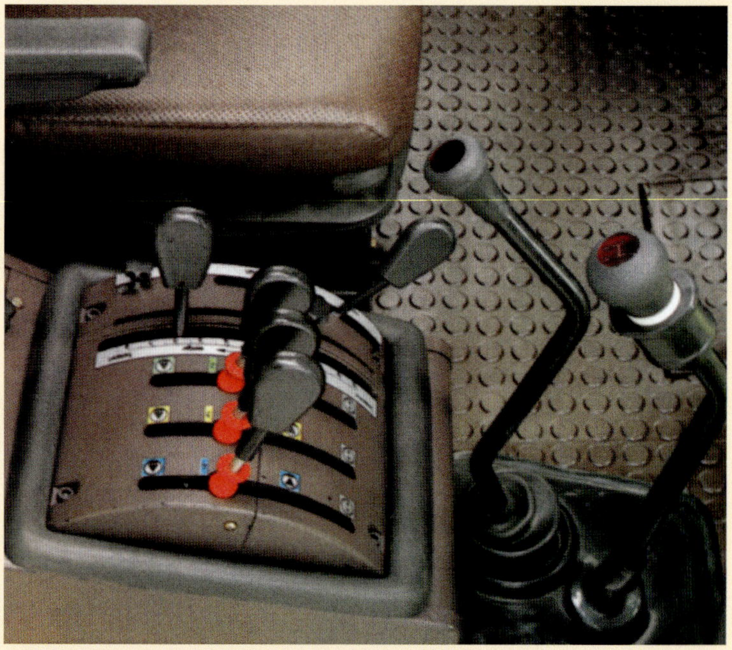

Schalthebel und Bedienungselemente für Hydraulik, Allradantrieb, Differenzialsperren und Feststellbremse.

Bedienungshebel für die serienmäßig lastschaltbaren von 540 auf 1000/min umschaltbaren Zapfwellen.

ALLE MODELLE SEIT 1973

Der MB-trac: das Allradschlepperkonzept – perfekt bis ins Detail.

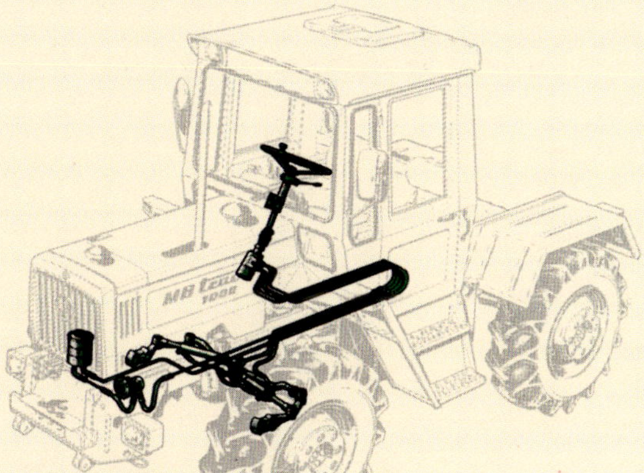

Die hydrostatische Lenkung mit eigenem Ölkreislauf für Sicherheit im Straßenverkehr und für hohe Ladeleistung mit dem Frontlader.

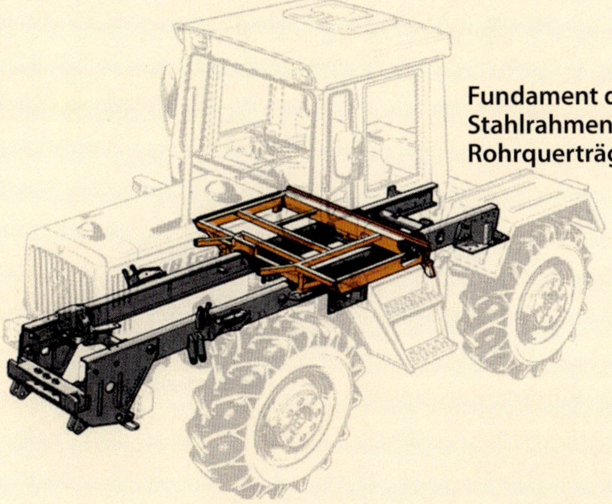

Fundament des MB-trac: U-Profil-Stahlrahmen mit eingeschweißten Rohrquerträgern.

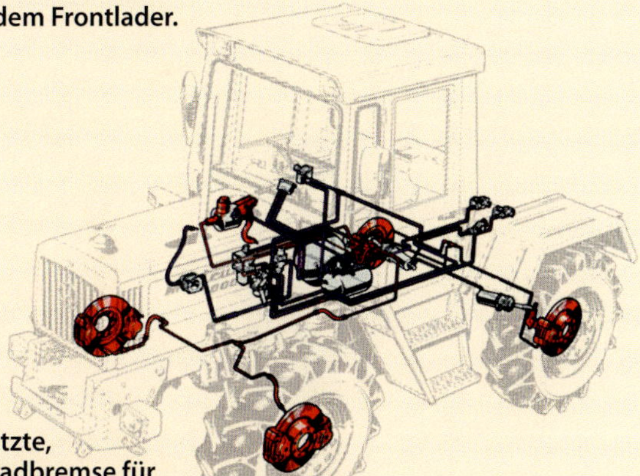

Druckluftunterstützte, hydraulische Vierradbremse für hohe Bremssicherheit mit kombiniertem Ein- und Zweileitungs-Bremssystem für Anhängerbetrieb.

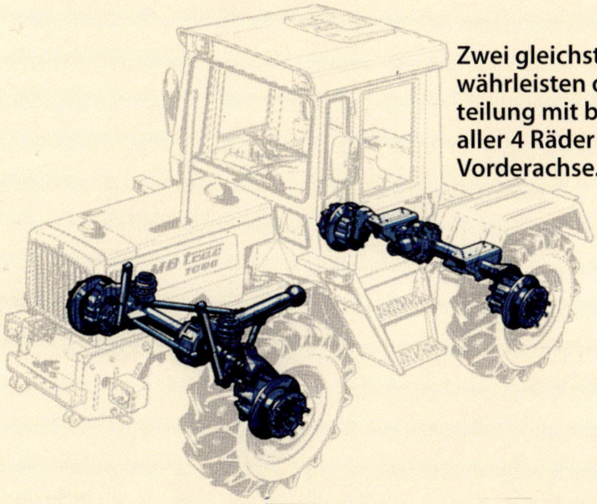

Zwei gleichstarke Portalachsen gewährleisten optimale Gewichtsverteilung mit bestem Bodenkontakt aller 4 Räder durch die gefederte Vorderachse.

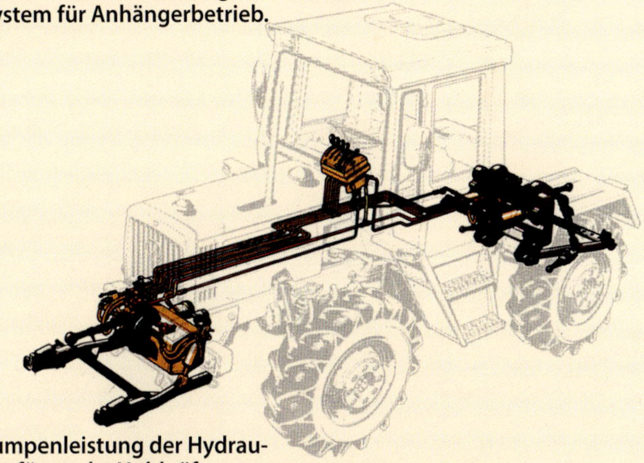

Hohe Pumpenleistung der Hydraulikanlage für starke Hubkräfte am Front- und Heckkraftheber.

Echter Allrad-Antrieb über vier gleich große und gleich breite Räder mit Klauen-Differenzialsperre in der Vorder- und Hinterachse.

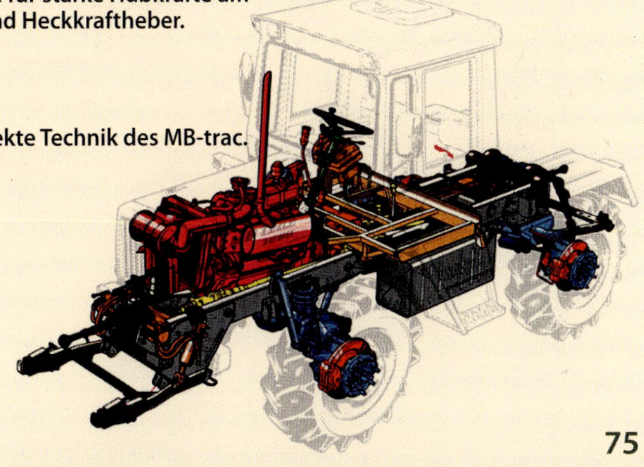

Die perfekte Technik des MB-trac.

MB-trac 800 mit Niederquerschnittreifen und wenig aggressivem Profil in der Forstwirtschaft bei Rückearbeiten.

MB-trac 800 mit HD-Spritze 450 MNAB. Die Schlepperaufbauspritze konnten auf eine Arbeitsbreite von bis zu 24 m ausgefahren werden. Der Polyester-Behälter fasste 1400 Liter.

MB-trac 800 mit Frontkreisel-Mähwerk und Ladewagen.

MB-trac 800 mit Doppelmesser-Mähwerk und Frontschwadmäher.

MB-trac 800 / MB-trac 1300 bei der Zuckerrübenernte. MB-trac 1300 mit Frontköpfer, Heckroder und Zwillings-Pflegereifen. MB-trac 800 mit Kipper.

MB-trac Baureihe 440 – Typ 700 / 700 /K – BM 440.162 / 440.167	1975-1982 / 1982-1987
Motor	
Baumuster (BM)	314.956
Bauart	Daimler-Benz 4-Zyl.-Viertakt-Diesel-Direkteinspritzer, stehend in Reihe Typ OM 314
Bohrung x Hub	97 x 128 mm
Hubraum	3.780 ccm
Leistung	65 PS (48 kW) 2.400/min
Drehmoment	226 Nm / 1.400/min
Verdichtung	17 : 1
Gemischbereitung	Bosch -Einspritzpumpe
Kühlung	Wasserkühlung mit Thermostat (15 Liter Kühlwasservorrat)
Luftfilter	Trockenluftfilter mit Vorzyklon und Sicherheitspatrone, elektr. Wartungsanzeige
Elektr. Anlage	770 W, 14 V/55 A, Batterie 12 V / 120 Ah
Kraftübertragung	
Antrieb	Vorderachsantrieb und Differenzialsperren in beiden Achsen, während der Fahrt ohne Zugkraftunterbrechung pneumatisch zu- und abschaltbar (Allrad)
Kupplung	Einscheiben-Trockenkupplung, Durchm. 295 mm, Anpreßfläche 470 cm^2
Getriebe	Vollsynchr. Schaltgetriebe mit integriertem Vorderradantrieb (Allrad), Vorschaltgetriebe, 6 V (7 V) / 4 R
Fahrgeschwindigkeit	Typ UG 2/30 - 6/13,51 GA
Gruppe I	5,5 / 9,4 / 15,2 / 25,0 km/h
Gruppe II	16,6 / 30,0 (40,0) km/h
rückwärts	7,2 / 12,2 / 19,8 / 32,6 km/h
Achsübersetzung	i = 7,12
Fahrwerk	
Rahmen	Leiterrahmen aus gewalztem U-Profil mit Rohrquerträgern
Fahrerhaus	Ganzstahl-Sicherheitskabine, 3-punktartig gelagert, 2sitzig, nach hinten kippbar
Achsen/Federung	Portalachsen mit Differenzialsperren und Radvorgelegen, baugleich vorn und hinten
vorn	mit Schubrohr, Schraubenfedern, Teleskopstoßdämpfer, Querlenker
hinten	starr mit dem Rahmen verbunden, Kardanwellen-Antrieb
Bremsen	Hydr. Einkreis-Trommelbremsen, druckluftbetätigte Federspeicher-Feststellbremse über Seilzüge auf Hinterräder
Anhängekupplung	nicht selbsttätig, Rockinger 278 B, zul. Stützlast 1.500 kg
vorn / hinten	Anhängemaul mit Steckbolzen (30 mm) / höhenverstellbar
Drucklufterzeugung	luftgekühlter Kompressor über Nockenwelle direkt vom Motor angetrieben, Förderleistung 115 Liter/min bei 8 bar / 2400/min, Inhalt 35,5 Liter
Lenkung	hydrostatische Lenkung mit 2 Lenkzylindern und separater Pumpe
Räder	W 12 x 24
Bereifung	14,9 R 24
Allgemeine Daten	
Radstand	2.400 mm
Spurweite v/h	1.610 mm
Gesamtmaße	4.150/4.280 x 2.000 x 2.780
Vorbaumaß	1.000 / 1.030 mm
Bodenfreiheit/Diff.	520 / 440 mm
Böschungswinkel v	37°
Pritsche	K: 1.475x1.890x400 mm
Höchstgeschw.	20 / 25 / 30 / 40 km/h
kl. Wendekreis	10,6 Meter
Leergewicht	3.570 - 3.595 kg
zul. Gesamtgewicht	6.000 kg
zul. Achslast v/h	3.430-3.750 kg
zul. Anh.Last gebr.	16.000 kg
Füllmenge Motor	9 Liter
Kraftstofftank	120 Liter

	MB-trac Baureihe 440 – Typ 800 BM 440.163 / .168 1975-1987	MB-trac 900 / turbo Baureihe 440 – Typ 900 / 900 turbo BM 440.164 / .169 1981-1987
Motor		
Baumuster (BM)	314.957	314.970
Bauart	Daimler-Benz 4-Zyl.-Viertakt-Diesel-Direkteinspritzer, stehend in Reihe	
	Typ OM 314	mit Turbo, OM 314 A
Bohrung x Hub	97 x 128 mm	97 x 128 mm
Hubraum	3.780 ccm	3.780 ccm
Leistung	75 PS (55 kW) 2.600/min	85 PS (63 kW) 2.400/min
Drehmoment	245 Nm / 1.600/min	294 Nm / 1.600/min
Verdichtung	17 : 1	17 : 1
Gemischbereitung	Bosch -Einspritzpumpe	Bosch -Einspritzpumpe
Kühlung	Wasserkühlung mit Thermostat (16,5 Liter Kühlwasservorrat)	
Luftfilter	Trockenluftfilter mit Vorzyklon und Sicherheitspatrone, elektr. Wartungsanzeige	
Elektr. Anlage	Drehstromlichtmaschine 770 Watt, 14 Volt 55 A, Batterie 12 V / 120 Ah (2 x 60 Ah)	
Kraftübertragung		
Antrieb	Vorderachsantrieb und Differenzialsperren in beiden Achsen, während der Fahrt ohne Zugkraftunterbrechung pneumatisch zu- und abschaltbar (Allrad)	
Kupplung	Einscheiben-Trockenkupplung 295 mm, 470 cm^2, Druckplattendurchm. 330 mm, Anpreßfläche 564 cm^2	
Getriebe	Vollsynchronisiertes Schaltgetriebe mit integriertem Vorderradantrieb (Allrad), Vorschaltgetriebe 7-Vorwärts-u. 4-Rückwärtsgänge	
Fahrgeschwindigkeit	Typ UG 2/30 - 7/13,51 GA	Typ UG 2/30 - 7/11,26 GA
Gruppe I	3,1 / 5,2 / 8,3 / 13,7 km/h	3,6 / 6,0 / 9,7 / 16,0 km/h
Gruppe II	9,2 / 15,4 / 25,0 (40,0) km/h	8,9 / 15,0 / 25,0 (40,0) km/h
rückwärts	4,0 / 6,7 / 10,9 / 17,9 km/h	4,6 / 7,8 / 12,7 / 20,9 km/h
Achsübersetzung	i = 14,026	i = 14,026
Fahrwerk		
Rahmen	Leiterrahmen aus gewalztem U-Profil mit Rohrquerträgern	
Fahrerhaus	Ganzstahl-Sicherheitskabine, 3-punktartig gelagert, 2sitzig, nach hinten kippbar	
Achsen/Federung	Portalachsen mit Differenzialsperren und Radvorgelegen, baugleich vorn und hinten	
vorn	mit Schubrohr, Schraubenfedern, Teleskopstoßdämpfer, Querlenker	
hinten	starr mit dem Rahmen verbunden, Kardanwellen-Antrieb	
Bremsen	Hydraulische Einkreis Scheibenbremse mit Druckluftunterstützung	
Anhängekupplung	nicht selbsttätig, Rockinger 278 B, zul. Stützlast 1.500 kg	
vorn / hinten	Anhängemaul mit Steckbolzen (30 mm) / höhenverstellbar	
Drucklufterzeugung	luftgekühlter Kompressor über Nockenwelle direkt vom Motor angetrieben, Förderleistung 115 Liter/min bei 8 bar / 2400/min, Inhalt 35,5 Liter	
Lenkung	hydrostatische Lenkung mit 2 Lenkzylindern und separater Pumpe	
Räder	W 12 x 24	13,0 x 24
Bereifung	14,9 R 24	16,9 R 24
Allgemeine Daten		
Radstand	2.400 mm	2.400 mm
Spurweite v/h	1.600 mm	1.610 mm
Gesamtmaße	4.150 x 2.140 x 2.810	4.150 x 2.140 x 2.830
Vorbaumaß	1.000 mm	1.000 mm
Bodenfreiheit/Diff.	550 mm	570 mm
Böschungswinkel v	39°	41°
Höchstgeschw.	20 / 25 / 30 / 40 km/h	20 / 25 / 32 / 40 km/h
kl. Wendekreis	10,6 Meter	10,6 Meter
Leergewicht	3.810 - 3.950 kg	4.080 kg
zul. Gesamtgewicht	6.000 kg	6.500 kg
zul. Achslast v/h	3.430 kg	3.430 kg
zul. Anh.Last gebr.	16.000 kg	16.000 kg
Füllmenge Motor	9 Liter	10 Liter
Kraftstofftank	120 Liter	120 Liter

Allradschlepper MB-trac turbo 900.

Preise / Lieferausführung MB trac 700 / 800 Baureihe 440 Stand 8/1977

Preise MB trac 700 (BM 440.162)			
	9,5 - 32 10 PR	12,4 - 28 8 PR	14,9 - 24 8 PR
Grundpreis	**43.980,--**	**44.060,--**	**44.980,--**
		(Preise in DM ohne Mehrwertsteuer)	

Preise MB trac 800 (BM 440.163)			
	9,5 - 32 10 PR	12,4 - 28 8 PR	14,9 - 24 8 PR
Grundpreis	**50.090,--**	**49.870,--**	**50.670,--**

Empfohlene Standardausführung (700)		
	Radialbereifung	160,--
H21	2. Steuergerät mit je 2 Stecker vo/hi	715,--
H36	Fernbetätigung Heckkraftheber	40,--
C57	Drehgriff für Lenkrad	15,--

Empfohlene Standardausführung (800)		
	Radialbereifung	160,--
H21	2. Steuergerät mit je 2 Stecker vo/hi	715,--
H36	Fernbetätigung Heckkraftheber	40,--
S35	Scheibenwaschanlage elektrisch	65,--
C57	Drehgriff für Lenkrad	15,--
Q14	Anhängekupplung selbsttätig	150,--

Motor:	**700:** MB-4-Zylinder-Diesel-Direkteinspritzmotor, Typ OM 314, 65 PS (48 kW) bei 2.400/min **800:** MB-4-Zylinder-Diesel-Direkteinspritzmotor, Typ OM 314, 72 PS (53 kW) bei 2.550/min Startpilot, Kühlerfrostschutzmittel bis -25° C. Tankinhalt 120 Liter, Anlaßsperre
Elektrik:	Drehstromlichtmaschine, 14 V / 35 A (490 Watt), Batterie 12 V / 110 Ah
Armaturen:	Traktometer; Kombiinstrument für Öldruck, Temperatur, Kraftstoff, Druckluft, Blinkkontrollleuchten
Getriebe:	**700:** MB-Sperrsynchrongetriebe mit 8 Vorwärts- und 6 Rückwärtsgängen, Zweifachkupplung, 25 km/h. Geschw.Bereich: 4,4 / 5,6 / 7,5 / 9,4 / 12,2 / 20,1 / 25,0 km/h **800:** MB-Sperrsynchrongetriebe mit 14 Vorwärts- und 8 Rückwärtsgängen, Zweifachkupplung, 25 km/h. Geschw.Bereich: 2,4/3,0/4,0/5,0/6,6/7,1/8,3/9,0/10,7/11,9/13,5/15,0/20,1/25,0 km/h
Zapfwelle:	Hinten lastschaltbar, 1 3/8" Keilwellen- oder Evolventenprofil, 1 3/4" Keilwellenprofil umschaltbar 540 oder 1.000/min
Antrieb:	Allradantrieb m. Differenzialsperren in beid. Achsen, während der Fahrt pneum. zu- und abschaltb.
Hydraulik:	**700:** 1 Steuergerät doppeltwirkend mit Schwimmstellung, mech. Raddruckverstärker »Servotrak«, 180 bar, 40 L/min, 30 L Ölvolumen, doppeltwirkender Freigangkraftheber, Kat. II, Hubkraft 3.000 kp **800:** Regelkraftheber mit Zugwiderstands-, Lage- und Mischregelung (L100R); 180 bar, 40 L/min, 30 L Ölvolumen, Dreipunktgestänge Kat. II, Hubkraft 3.000 kp, kurze Anhängeschiene.
Lenkung:	Hydrostatische Servolenkung, separate Ölpumpe
Bremsanlage:	Hydraulische Vierrad-Betriebsbremse (800: Scheiben), mech. Feststellbremse auf Hinterachse
Druckluftanlage:	Luftpresser, Luftvorratsbehäler, Reifenfüllanschluß
Anhängekupplung:	Hinten Fangmaul mit Steckbolzen, (höhenverstellbar), vorn Anhängemaul
Fahrerhaus:	OECD und LBG geprüfte Ganzstahl-Kabine mit Heizungs- und Lüftungsanlage
Fahrersitz:	Hydraulisch, gewichtseinstellbar, Längs- u. Höhenverstellung, Neigungsverst. f. Rückenlehne
Beifahrersitz:	Gepolstert, klappbar in Kabine, herausnehmbar
Zubehör:	Werkzeugsatz, Wagenheber, Unterlegkeil, Verbandskasten mit Halter, Warnblinkanlage, Warndreieck, Warnleuchte
Lackierung:	Aufbau kieselgrau RAL 7032, Kotflügel und Felgen feuerrot RAL 3000

MB-trac turbo 900.

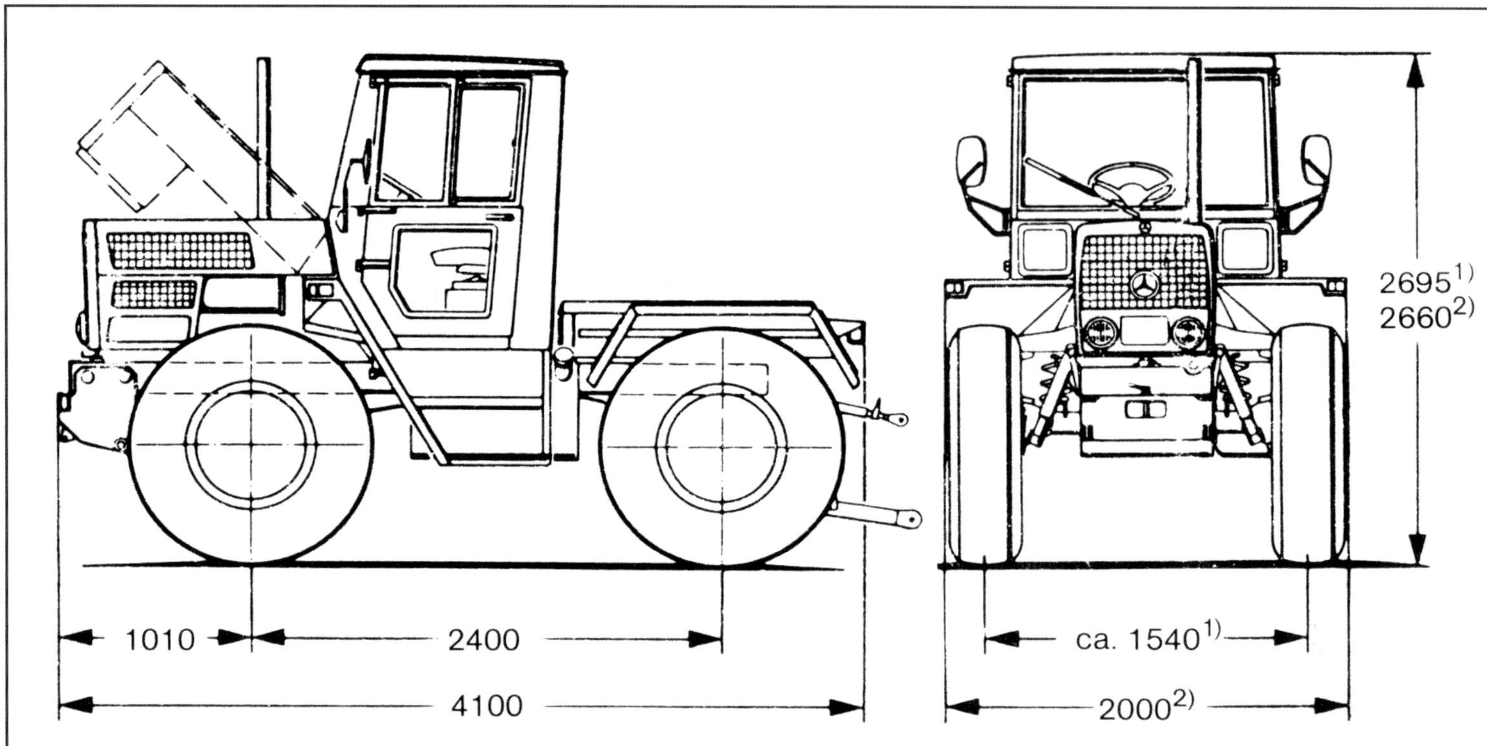

Preise / Sonderausrüstungen MB trac 700 / 800 Baureihe 440 Stand 8/1977

Getriebe / Zapfwellen		
G11	700: 3 Kriechgänge zusätzl. (vor/rü.)	**600,--**
G11	800: 4 Kriechgänge zusätzl. (vor/rü.)	**600,--**
G12	800: 4 Kriech- u. 4 Schneckengänge	**900,--**
N20	Zapfwelle vorn 1 3/8" Keilwellenprofil	**475,--**
N22	Zapfwelle vorn1 3/4" Keilwellenprofil	**475,--**
N21	Zapfwelle vorn 1 3/8" Evolventenprofil	**475,--**
Hydraulik		
H21	2. Steuergerät doppeltwirkend mit je 2 Steckern vo/hi zusätzlich	**715,--**
H22	2.+3. Steuergerät doppeltwirkend mit je 4 Steckern vo/hi zusätzlich	**1.430,--**
H23	2.3.+4 Steuergerät doppeltwirkend mit je 4 Steckern vo/hi zusätzlich	**1.840,--**
H29	**700:** Regelkraftheber	**420,--**
Q41	**800:** Freigangkraftheber+Servotrak anstelle Regelhydraulik Minderpreis	**420,--**
Q64	Feststellvorr. f. Dreipunktgestänge	**130,--**
H69	Sep. Rücklaufleitung hinten	**60,--**
H89	Sep. Rücklaufleitung vorn	**60,--**
H36	Fernbetätigung für Heckkraftheber	**40,--**
Q62	Unterlenkerstrebe links	**155,--**
H40	Frontkraftheber m. Absperrventil	**1.150,--**
Bremsen		
B40	Anhängerbremsanl. Druckl.-Einleitg.	**600,--**
B15	Bremsverstärkungsanlage Druckluft	**600,--**
B15 / B45	Anh.bremsanl. Druckl.-Ein+Zweileitg. mit Bremsverstärkungsanlage	**1.260,--**
B71	Frostschützer für Bremsanlage	**130,--**
M32	Zusatzluftpresser	**730,--**
A25	**800:** Abdeckbleche (Bremsverschm)	**110,--**

Rahmen/Fahrwerk		
Q14	Anhängekupplg. selbsttät. Höhenverst.	**150,--**
D13	Zusatzplatte an Frontplatte	**260,--**
D48	Halter für Frontgewichte	**260,--**
D47	1 Stück Frontgewicht 45 kg	**155,--**
Instrumente/Elektrik		
S35	Scheibenwaschanlage elektr.	**65,--**
L45	Arbeitsscheinwerfer hinten	**90,--**
L47	2 Zusatzscheinwerfer vorn	**185,--**
Kabine/Aufbau		
S25	Windschutzscheibe Verbundglas	**50,--**
S27	Frontscheibe aufstellbar	**440,--**
C57	Drehgriff für Lenkrad	**15,--**
D68	Geräteaufbaurahmen	**175,--**
D68	Geräteaufbaurahmen b. Regelkraftheber	**240,--**
M65	Ansaugkamin für Luftfilter	**70,--**
Reifen/Räder		
	Mehrpreis f. 14,9-24/10PR statt 8PR	**160,--**
T75	**700:** Reserverad 9,5-32/10PR Acker	**815,--**
T67	12,4-28 /8PR Acker	**835,--**
T52	14,9-24 /8PR Acker	**1.065,--**
T52	14,9 R-24 /8PR Acker/Radial	**1.105,--**
T52	14,9/80-24 /10PR Acker	**1.105,--**
R68	**800:** Spurverstellfelgen für 12,4-28	**240,--**
R55	für 14,9-24/8 bzw. /10PR	**1.080,--**
T76	**800:** Reserverad 9,5-32/10PR Acker	**965,--**
T67	12,4-28 /8PR Acker	**910,--**
T68	12,4-28 /8PR Acker (spurver.)	**970,--**
T52	14,9-24 /8PR Acker	**1.110,--**
T52	14,9 R-24 /8PR Acker/Radial	**1.150,--**
T55	14,9-24 /8PR Acker (spurver.)	**1.380,--**
T55	14,9/80-24 /10PR Acker(verst)	**1.420,--**

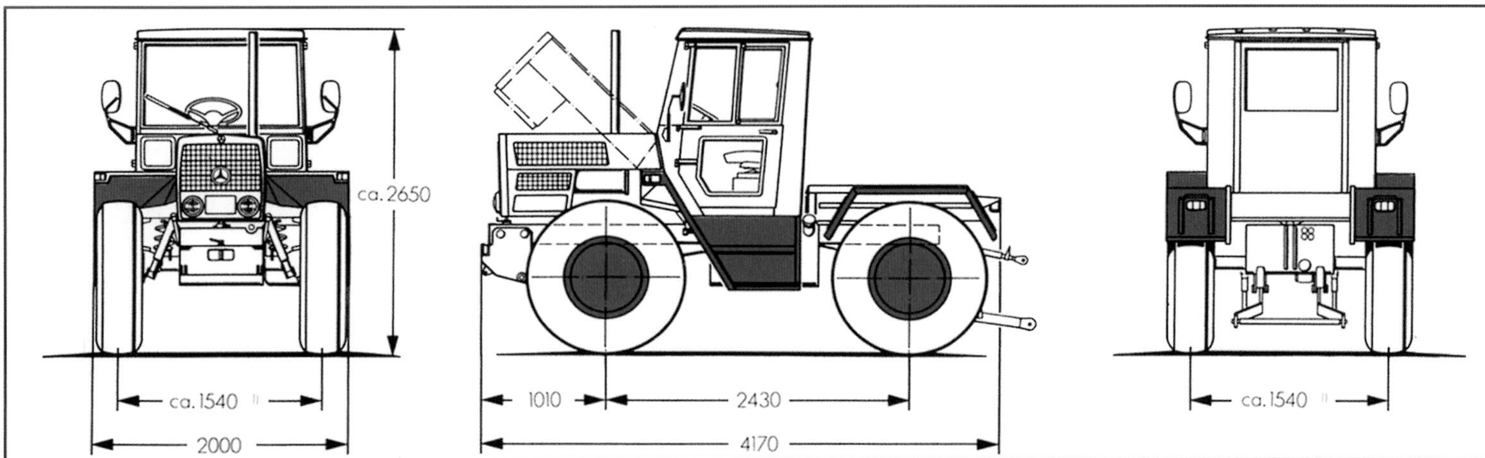

Räder und Reifen MB-trac Typ 700, 800, 900 Stand 12/1979											
Reifengröße	PR	Scheibenrad-bezeichnung	DB-Nummer	Scheibenrad-Gewicht kg	Einpresstiefe mm	Radeinschlag °	Reifen Ø mm	Reifenbreite	Spurweite		Verstellspuren
									Normal	Radumschlag	
MB-trac 700											
9,5-32	10	W 8x32	440 401 0601	52	58	39	1250				
12,4-28	8	W 10x28	440 401 0001	47	58	39	1255	327	1540	1800	
14,9-24	8	W 12x24	440 401 0201	43	27	39	1255	395	1600	1730	
14,9-24	8	W 12x24	440 401 1401	43	27	39	1255	395	1600	1730	
14,9/80-24	10	W 12x24	440 401 0201	43	27	39	1215	395	1600	1730	
			440 401 1401	47	27		1215	395	1600	1730	
10,5-20 MPT	8/10	9x20	440 401 0801	24	58	39	960	262	1550		
12,5-20 MPT	10/12	11x20	406 401 0501	30	25	39	1040	351	1610		
14,5-20 MPT	10	11x20	406 401 0501	30	25	39	1095	384	1610		
MB-trac 800, 900											
9,5-32	10	W 8x32	440 401 1201	58	240	39	1245	960			
					190						
					140						
					90						
12,4-28	8	W 11x28	440 401 2301		220	39	1255	327	1540		
12,4R28		W 11x28	440 401 2201		240	37	1255	327			1500
					190						1600
					140						1700
					90						1800
13,6R28	8	W 11x28	440 401 2301		220	32	1302	373	1540		
		W 11x28	440 401 2201		240						1500
					190						1600
					140						1700
					90						1800
14,9-24	8	W 12x24	440 401 1101		187	39	1255	378/	1610		
14,9R24	8	W 12x24	440 401 0901		92	39	1255	378	1800		
14,9--24	8	11,0x24	440 401 1601		114	39	1255	378	1700		
14,9/80-24	10	11,0x24	440 401 1501		184	39	1215	378	1620		
		W 12x24	440 401 2001		193/-102					2190	1600
					91/-110					2200	1800
					3/-204					2390	1980
					-8						2000
14,5-24 MPT	16	11,0x24	425 401 0401		184	39	1195	383/391	1610		
14,5R24 MPT	16	11,0x24	425 401 0401		184	39	1195	383/391			

Foto: © Ralf Weinreich

Vorder-/ Hinterachsen Übersetzungen / Flanschmaße Stand 12/1979

			Radsatz Tellerrad-Antriebskegelrad		Radsatz Vorgelege				
Baumuster	Achs-Baumuster	Einbau	Zähnezahl	Übersetzung	Zähnezahl	Übersetzung	Gesamt-Übersetzung	Bremsanlage	Flanschmaß "A" mm
MB-trac 65/70	737.002 (Vorderachse)	Serie	22 : 7	3,143	27 : 13	2,077	6,527	Trommel	1694
	747.003 (Hinterachse)								1660
MB-trac 700	737.002 (Vorderachse)	Serie	22 : 7	3,143	27 : 13	2,077	6,527	Trommel	1694
	747.003 (Hinterachse)								1660
MB-trac 800	737.102 (Vorderachse)	Serie	24 : 7	3,429	45 : 11	4,090	14,020	Scheiben	2021
	747.104 (Hinterachse)								1984
MB-trac 800 I	737.102 (Vorderachse)	Serie	24 : 7	3,429	45 : 11	4,090	14,020	Scheiben	2021
	747.104 (Hinterachse)								1984
MB-trac 1100	737.301 (Vorderachse)	Serie	27 : 7	3,86	Planetengetriebe 3,95		15,23	Scheiben	2348
	747.301 (Hinterachse)								2323
MB-trac 1300	737.301 (Vorderachse)	Serie	27 : 7	3,86	Planetengetriebe 3,95		15,23	Scheiben	2348
	747.301 (Hinterachse)								2323
MB-trac 1300	737.301 (Vorderachse)	SA 35918	27 : 7	3,125	Planetengetriebe 3,95		12,33	Scheiben	2348
	747.301 (Hinterachse)		25 : 8						2323

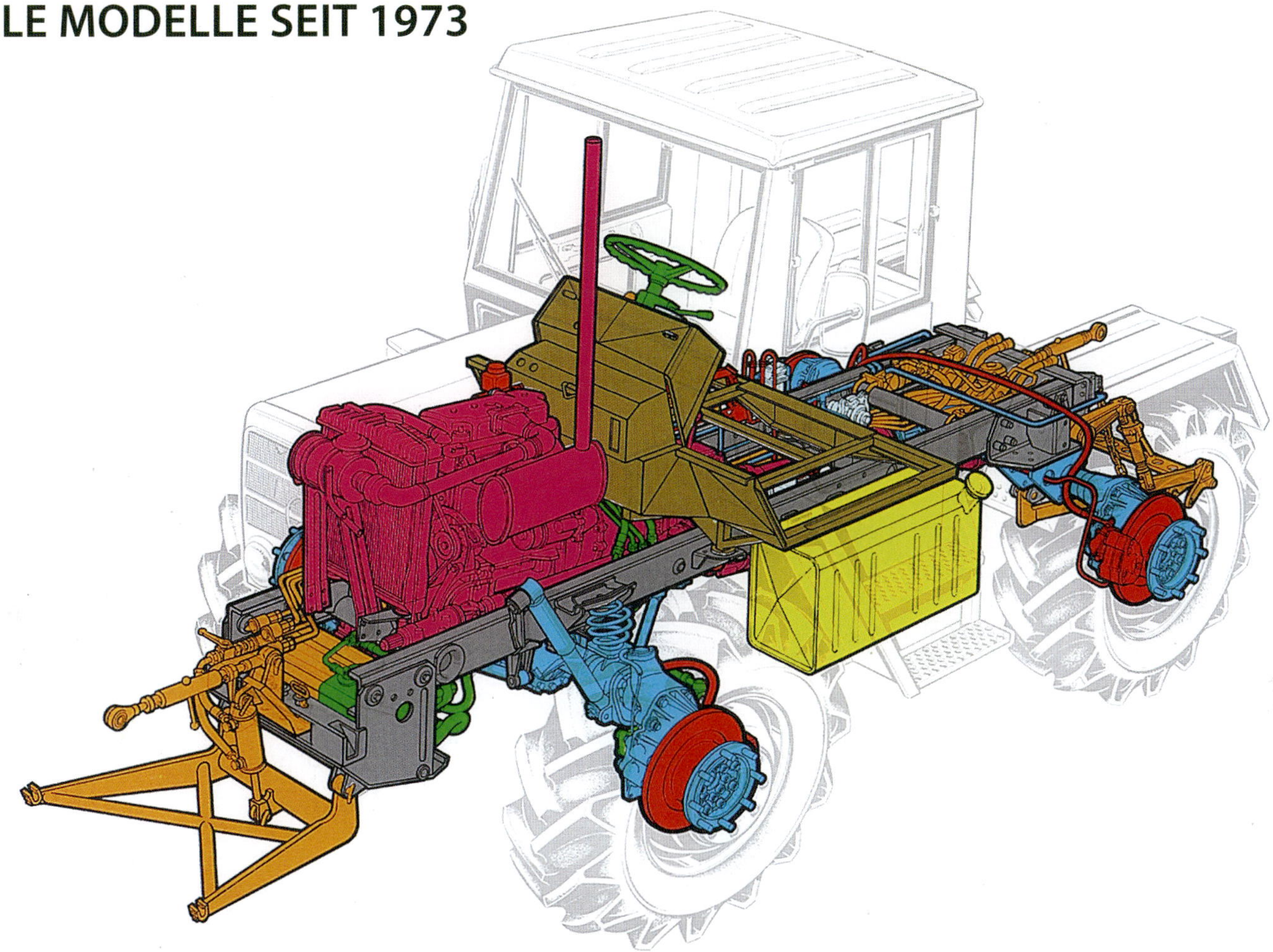

MB-trac Schleppertechnik im Detail: Gesamtanordnung aller Aggregate.

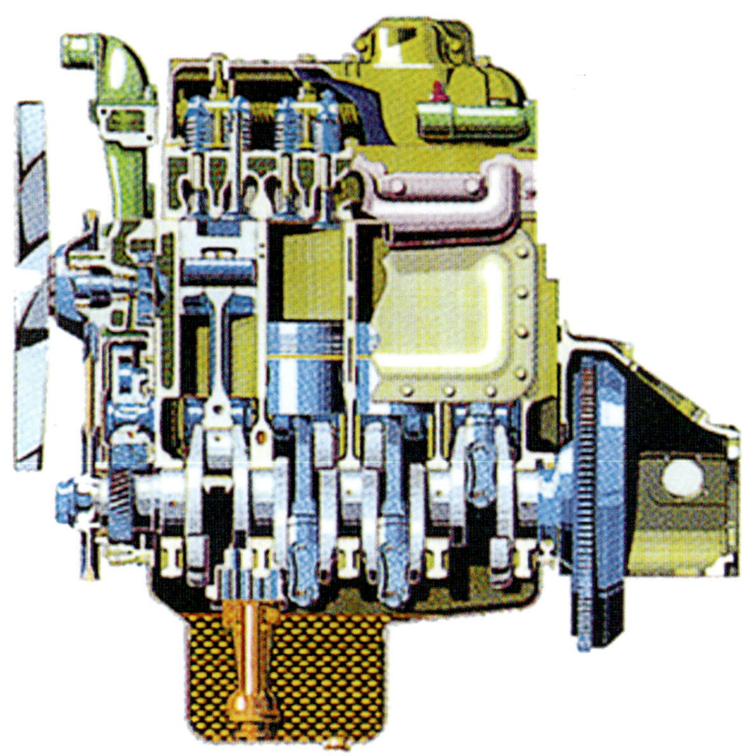

MB-trac Motorentechnik im Detail: robuster Vierzylinder-OM 314 für die MB-trac 700 und 800.

MB-trac 1100 Baureihe 442/443 (1976-1984)
MB-trac 1300 Baureihe 443 (1976-1987)
MB-trac 1500 Baureihe 443 (1980-1987)
MB-trac 1000 Baureihe 441 (1982-1987)

Der MB-trac 1100 als Zweirichtungsschlepper mit OECD- und LBG-geprüfter Ganzstahl-Komfort-Kabine.

1976 ergänzte Daimler-Benz sein MB-trac-Programm durch zwei neue Typen, nachdem im Sommer 1975 die MB-trac 700 und 800 mit neuen Verkaufsbezeichnungen eingeführt worden waren. Zuerst wurde auf der SIMA in Paris 1976 der große MB-trac als MB-trac 1000 vorgestellt, unverändert mit 95 PS. Dann folgte auf der DLG-Ausstellung in München, gut zwei Monate später, der MB-trac 1300, ein 125-PS-Schlepper mit der Baumusterbezeichnung 443.161. Für beide Typen erfolgte dann in der 2. Hälfte des Jahres der Serienanlauf.

Zum Serienanlauf des MB-trac 1300 im Herbst 1976 gab es nur eine Ausführung der Außenplanetenachse. Die Achse bestand aus Kostengründen im Wesentlichen aus schon vorhandenen Teilen der Unimog-Produktion, wie etwa dem Achsrohr und dem Differenzialgehäuse. Die Außenplaneten stammten aus der Lkw-Achsenproduktion. Dieselbe Achse kam auch beim Serienanlauf des MB-trac 1500 im Juli 1980 zum Einsatz. Die Achsübersetzung im Differenzial, Ritzel-Tellerrad, wurde für den MB-trac 1300 mit 27:7 festgelegt. Die in der Landwirtschaft benötigte

Verkehrssicher dank Vierradbremsen: Der MB-trac 1100 mit 110 PS starkem Sechszylindermotor.

Endgeschwindigkeit konnte durch eine Straßengangversion mit 6 Gangstufen für 25 km/h Endgeschwindigkeit erzielt werden. Die Endgeschwindigkeit war vor allem für die Zulassung in Frankreich erforderlich.

Bisher konnte mit dem MB-trac 1300 und der Motordrehzahl 2600/min keine echte 40-km/h-Variante dargestellt werden. Nach Änderung der Motordrehzahl auf 2.500/min waren nunmehr 25 km/h, 30 km/h und 40 km/h verfügbar. Im Zuge der technischen Weiterentwicklung wurde schon bald anstelle der Achsübersetzung 27:7 ein Differenzial mit der Übersetzung 25:8 verwendet. Der dadurch erreichte Vorteil einer noch höheren Belastbarkeit und Lebensdauer brachte aber Probleme bei der Erreichung der geforderten Endgeschwindigkeiten. So lagen z.B. die theoretischen Geschwindigkeiten der 40-km/h-Version außerhalb der vom Gesetzgeber zugelassenen Toleranz von 10% - 44 km/h. Folglich musste eine Reduzierung der Motordrehzahl erfolgen.

In Verbindung mit dem als Sonderausstattung für die Schwere Baureihe den Kunden angebotenen, neu entwickelten Drehsitz, konnte jetzt die Motordrehzahl über ein pneumatisches Übertragungssystem gesteuert werden. Um den vielfältigen Einsatzmöglichkeiten besser gerecht zu werden, wurde der MB-trac den Forderungen der potentiellen Kunden laufend angepasst. Das vollsynchronisierte Wendegetriebe machte dem MB-trac

MB-trac 1300 als 125 PS starker Allradschlepper mit hohen Leistungsreserven.

zum echten Zweirichtungsschlepper, ob in Schubfahrt beim Rübenroden und Maishäckseln oder für Arbeiten mit dem Hecklader, aber auch für den Industriebetrieb zum Ziehen schwerster Lasten. Ein Einsatz als Zweiwegefahrzeug (Straße-Schiene) wurde ebenfalls angeboten. Neben der geänderten Anordnung der Schalthebel für die Arbeits- und Kriechganggruppe sowie die Zapfwellenvorwahl erhielten die Typen der Schweren Baureihe ein neues Zapfwellengetriebe mit geänderter und an den internationalen Standard angepasster Übersetzung.

Zur DLG 1978 in Frankfurt zeigte die Daimler-Benz AG ihr komplettes Allrad-Ackerschlepper-Programm mit fünf Unimog-Typen sowie vier Modelle der MB trac-Reihe im Leistungsbereich von 65 bis 125 PS. Alle MB trac-Ackerschlepper wurden mit einer Endgeschwindigkeit von 25 km/h geliefert. Sie entsprachen damit voll den vom Gesetzgeber vorgegebenen Anforderungen. Auf Wunsch wurde ohne Mehrpreis auch ein Schnellgang angeboten, der beim MB trac 800 auf 40 km/h und bei den beiden schweren MB trac-Typen 1100 und 1300 auf 35 km/h Endgeschwindigkeit ausgelegt war.

Die Reifen und die zulässigen Gewichte waren so bemessen, dass die der Motorleistung angepassten Geräte ohne Überlastung betrieben werden konnten. Selbst bei Straßenfahrt mit einem ausgehobenen Vierscharvolldrehpflug hatte der MB trac ein einwandfreies ausgewogenes Fahrverhalten. Die vom Gesetzgeber vorgeschriebene Vorderachslast zur Erhaltung der Lenkfähigkeit blieb auch bei diesen erschwerten Betriebsbedingungen voll erhalten. Die pneumatische Bremse wirkte auf alle vier Räder und sorgte für sehr gute Verzögerungswerte.

Mit der Schweren Baureihe 443 erfolgte auch beim MB-trac eine deutliche Leistungssteigerung. So wurde 1980 der MB-trac 1500 mit 150 PS im Rahmen der 56. DLG in Hannover dem Fachpublikum präsentiert. Die leistungsstärkste Variante avancierte mit 31 % Marktanteil auf Anhieb zum Marktführer. Die Leistungserhöhung war das Ergebnis erster Modellpflegemaß-

MB-trac 1300 mit Rau-Spritze und idealer Pflegebereifung dank Zwillingsbereifung. Gerätebedienung in allen drei Anbauräumen.

Perfekter Ackerschlepper: Der MB-trac 1300 mit starker Hydraulik für den Einsatz schwerster Geräte.

nahmen. So verschwand die Luftansaughutze auf der Motorhaube und wurde durch ein Ansaugrohr mit Vorzyklon ersetzt. Der neue MB-trac 1500 spielte seine hohe Zugkraft insbesondere bei schweren Arbeiten wie in der Maisernte, der Rübenrodung oder vor dem fünfscharigen Pflug aus. Angetrieben wurde der neue Schlepper durch den wirtschaftlichen Mercedes-Benz Sechszylinder-Dieselmotor OM 352 A mit Abgasturbolader. Diese Ladermotorenbaureihe hatte sich schon in rund 75.000 Mercedes-Benz Nutzfahrzeugen weltweit bewährt. Im MB-trac 1500 leistete der Direkteinspritzer 150 PS (110 kW) bei 2.500/min. Die hohe Zugkraft von 499 Nm stand bereits bei 1600/min zur Verfügung. Dank des Drehmomentanstiegs um fast 19% wurde ein hohes Maß an Elastizität erreicht. Der Schlepper zog auch bei steigender Anforderung kraftvoll durch, so wenn beim Pflügen stellenweise schwere oder nasse Böden auftraten oder bei Arbeiten am Hang. Zugkraftunterbrechungen durch Schaltvorgänge wurden weitgehend vermieden. Das eng abgestufte Getriebe mit 12 Vorwärts- und 12 Rückwärtsgängen erlaubte die genaue Anpassung der Geschwindigkeiten an den Arbeitsvorgang. Auf Wunsch standen dazu auch für beide Fahrtrichtungen 6 Kriechgänge zur Verfügung. Die Achsvarianten ermöglichten Endgeschwindigkeiten von 25 km/h oder wahlweise von 35 km/h.

Wie die MB-trac-Modelle 1100 und 1300 war auch der MB-trac 1500 in allen Fahr- und Arbeitsgeschwindigkeiten als Zweirichtungsschlepper zu verwenden. Durch einfaches Schwenken der Konsole mit Instrumententafel, dem Fahrersitz, dem Lenkrad und den Fußpedalen um bis zu 195° hatte der Fahrer auch in Schubfahrt beste Sicht auf den dreireihigen Maishäcksler, den sechsreihigen Rübenroder oder andere Arbeitsgeräte. Die ungewöhnlich komfortable Ganzstahl-Fahrerkabine war OECD-getestet und gegen Geräusch- und Temperatureinflüsse isoliert. Sie ließ sich über bequeme Einstiege von beiden Seiten erreichen und bot viel Platz für Fahrer und Beifahrer sowie gute Sicht nach allen Seiten und auf die Anbaugeräte.

Der MB-trac 1500 als leistungsstärkste Variante im MB-trac-Programm Anfang der 1980er-Jahre.

Wirtschaftliche Gerätekombination: Der MB-trac 1500 mit Front-Stoppelumbruch und Heck-Zwischenfruchtsaat.

Die Frischluftansaugung für die Kabine, ausgerüstet mit einer wirkungsvollen Heizungs- und Belüftungsanlage, erfolgte nicht mehr von vorn sondern von der rechten Seite. Dies ermöglichte den Einbau einer in das Kabinendach integrierten, neu entwickelten Klimaanlage, die auf Wunsch für angenehme Arbeitsbedingungen auch unter extremer Temperatureinwirkung sorgte und in Übersee bei MB-trac-Schleppern ihre volle Tauglichkeit bereits unter Beweis gestellt hatte.

Die konzeptionellen Vorteile der Unimog- und MB-trac-Baureihe waren auch dem neuen Schlepper eigen. Hierzu gehörte der Allradantrieb über gleich große Räder und die Bereifung 18,4R34, die vorerst dem MB-trac 1500 vorbehalten blieb. Sie übertrugen die sehr hohen Zugkräfte mit geringstem Schlupf und gleichmäßigem Bodendruck, das schwingungsarm in der Mitte aufgebaute Fahrerhaus, drei Anbauräume für Front-, Heck- und Aufbaugeräte, die günstige Gewichtsverteilung, so dass beim MB-trac 1500 auch für den Straßentransport von schweren Bodenbearbeitungskombinationen keine Hilfsmittel wie Stützräder oder Langfahrvorrichtungen benötigt wurden.

Hinzu kam der seitenstabile Frontkraftheber mit einem oder zwei Hubzylinder und bis zu 25.000 Nm (2.500 kp) Hublei-

Bei höchster Bodenschonung mit voller Kraft auf den Boden: Der Ackerschlepper MB-trac 1000.

MB-trac 1000 (BM 441.162) mit bodenschonender Zwillingsbereifung im kombinierten Geräteeinsatz.

stung sowie die Zapfwellenantriebe vorn und hinten, die von 540/min auf 1000/min umschaltbar waren. Die unterschiedlichsten Arbeitsgeräte konnten daher an einen Schlepper angebaut werden. Bis zu sechs Steckanschlüsse vorn und hinten brachten ausreichende Hubkraft für hydraulisch betätigte Geräte und den kombinierten Geräteeinsatz.

Als Serienlackierung war mittlerweile (ab 1982) bei allen Typen die Farbe hellgelbgrün DB 6841 vorgesehen. Auch für die Schwere Baureihe wurde den Kunden serienmäßig der neu entwickelte, stahlgefederte Hydrauliksitz der Firma Isringhausen angeboten, den es in einer luftgefederten Komfortvariante mit pneumatischer Lendenwirbelstütze als Sonderausrüstung zu kaufen gab. Überhaupt wurde die Innenausstattung der Kabine ergonomisch verbessert und optisch aufgewertet. Die gesamte Innenverkleidung, Bodenmatten, Sitzbezug und Dachhimmel waren in dunkelbrauner bzw. braun-beige-melierter Farbe gehalten. Die Bodenmatte war jetzt dicker, die Türen erhielten ein stärkeres Dichtprofil. Überarbeitet und neu geordnet untergebracht waren jetzt auch die elektrischen Schalter auf der Armaturenkonsole und die Kontrollleuchten geschlossen unter der Abdeckung zusammengefasst. Zu den technischen und konstruktiven Verbesserungen zählten auch verschiedene Ausführungen von Front- und Heckscheiben, die Einhandbedienung der ausstellbaren Front- und Heckscheibe, wie auch der größere Außenspiegel mit stabilem Einarmhalter.

Komplett überarbeitet wurde die Kabinenbelüftung und –heizung. Geändert wurde die Anordnung der Luftaustrittsdüsen im Dachbereich, die gleichzeitig die Kopf- und Bewegungsfreiheit verbesserte. Neu war ein stufenlos steuerbares Regulierventil für den Warmwasserkreislauf. Die Schlepper der Schweren Baureihe wurden jetzt mit einem Lenkrad in umschäumter Ausführung geliefert. Geändert wurde an der hydrostatischen Lenkung der Servostat (Lenkungspumpe) mit größerem Fördervolumen und Pumpendruck (von 100 auf 130 bar) und die Lenkzylinder, die im Volumen verkleinert werden konnten. Angepasst an die Mittlere Baureihe für ein einheitliches Erscheinungsbild wurden die Typen der Schweren Baureihe jetzt auch in der Zweifarbenlackierung hellgelbgrün für die Kabine und dunkelgrün für die Motorhaube, den Kühlergrill und die Kotflügel, lackiert.

Von Anfang an war der schwere MB-trac als Zweirichtungstraktor konzipiert und für diesen Einsatz optimiert worden und setzte damit einen Trend für Einsätze in Schubfahrt. Dazu trug auch der auf Wunsch lieferbare Drehsitz bei, der neben dem Wendegetriebe und der Gewichtsverteilung wesentliches Konzeptionsmerkmal des Zweirichtungsschleppers war. So waren, zentral im Fahrerhaus drehbar gelagert, der Fahrersitz, die Lenkung, die Pedalanlage und die Instrumententafel zu einer Einheit zusammengefasst. Das Drehen um bis zu 180° in eine Vorwärts- und eine Rückwärtsfahrstellung konnte nur bei Fahrzeugstillstand erfolgen und ermöglichte bei Schrägstellung für Arbeiten in Zugfahrt eine gute Übersicht auf die hinten laufenden Geräte. Sowohl bei Vorwärts- als auch bei Rückwärtsfahrt saß der Fahrer bei der Drehsitz-Einrichtung der großen MB trac-Typen außerordentlich bequem und verfügte – unabhängig von der Fahrtrichtung – über eine enge Getriebeabstufung, die für alle denkbaren Arbeitseinsätze die geeigneten Geschwindigkeiten zuließ. Z.B. übertraf der MB trac in Verbindung mit einem dreireihigen Maisgebiss die bekannten selbstfahrenden Maiserntemaschinen durch seine Wendigkeit, seine Arbeitsgeschwindigkeit und seine Fahreigenschaften. Nach dem problemlosen Abbau des Maisgebisses stand für die übrige Zeit des Jahres ein Hochleistungstraktor für sämtliche anfallenden Ackerarbeiten zur Verfügung.

Der MB-trac 1100 wurde 1987 eingeführt, da zwischen dem MB-trac 1000 und dem MB-trac 1300 turbo eine zu große Lücke klaffte.

Der MB-trac 1000 als kompakter Allradschlepper der 100-PS-Klasse in der Landwirtschaft brachte es in seiner 5-jährigen Bauzeit von 1982-1987 auf insgesamt 4346 Exemplare.

Alle MB trac-Typen wurden von Haus aus mit einer Druckluftanlage ausgestattet, die auch zu einer kombinierten Ein- und Zweileitungs-Bremsanlage erweitert werden konnte. Die MB trac-Ackerschlepper waren mit OECD-geprüften Komfortkabinen ausgestattet. Sie waren gegen Geräusche wirkungsvoll isoliert, boten optimale Sicht nach allen Seiten, bequemen Einstieg und viel Platz für Fahrer und Beifahrer.

Auch beim Anbau von Frontgeräten erwies sich der MB trac-Allradschlepper dem weitaus größten Teil von Schleppern herkömmlicher Bauart überlegen. In der Kombination von Front- und Heckgeräten, komplettiert durch Aufsatzgeräte hinter dem Fahrerhaus, waren besonders rationelle Arbeitsverfahren darstellbar. Die serienmäßige Regelhydraulik bei allen MB trac-Typen schaffte die Voraussetzung für hohe Hektarleistungen beim Pflügen.

Bereits 1976, damals in der Baureihe 442 geführt, gab es den Traktor mit der Verkaufsbezeichnung MB-trac 1000 im MB-trac-Programm. Genau 10 Jahre, nachdem der erste MB-trac vorgestellt worden war, erfolgte auf der DLG-Ausstellung 1982 in München, als konsequente Weiterentwicklung der Leichten Baureihe 440, der MB-trac 1000 der Mittleren Baureihe 441. Anlass für Daimler-Benz, den Jubiläums-MB-trac 1000 in der Sonderlackierung silberdistelmetallic/flaschengrün auszustellen. In dieser Lackierung wurde er später in einer nur begrenzten Stückzahl ab Werk geliefert.

Der »neue« MB-trac 1000 (BM 441.161) verfügte nun, als wesentliches Merkmal, über den 6 Zylinder Saugdiesel OM 353.985 mit 95 PS. Der Serienanlauf im Produktionswerk in Gaggenau war November 1982, besaß nun das Getriebe mit der Seitenschaltung, die stärkeren Achsen, das neue Fahrerhaus, den stärkeren Rahmen und den größeren Radstand. Im Oktober 1982 wurden auch bei den kleinen MB-trac 440 das Getriebe mit der Seitenschaltung sowie das äußere Erscheinungsbild eingeführt. Allerdings änderte sich deren Baumusterbezeichnung in 440.167, 440.168 und 440.169. Erstmalig wurde beim MB-trac 900 die Bezeichnung »turbo« in die Verkaufsbezeichnung eingeführt. Jetzt hieß er MB-trac turbo 900.

Der Heckkraftheber für den MB-trac 1000 wurde bis Mitte 1984 in verschiedenen Details überarbeitet und verbessert. Die Verbindung von Unterlenker und Hubstrebe wurde verbreitert, um eine größere Bolzenauflagefläche zu erhalten. Der gehärtete Bolzen war verdrehsicher in einem neuen Stahlschmiedestück

Der MB-trac 1000 beim Pflügen. Bodenschonung durch Gewichtsverteilung und Allradantrieb.

gelagert und bewegte sich in einer auswechselbaren Stahlbuchse. Eine zweite um 70 mm nach hinten versetzter Bohrung gab die Möglichkeit, durch einfaches Umstecken am Unterlenker die Hubkraft des MB-trac 1000 auf 47.000 N (4.700 kp) zu erhöhen.

Aufgrund einer Leistungssteigerung auf 110 PS wurde wenig später die 95-PS-Version in MB-trac 1100 (BM 443.160) in den Markt eingeführt, denn in der 95-PS-Klasse konnte dieser Typ zu keinem marktgerechten Preis angeboten werden. Auch mit 110 PS blieb er hinter den Verkaufserwartungen zurück. Marktanteile wurden im Wesentlichen nur mit den MB-trac 800 und MB-trac 1300 erzielt. Eine Erhöhung der Verkaufsstückzahlen war nur mit einer geschlossenen Baureihe und weiteren Typen zu erreichen. Mit diesen Typen der Schweren Baureihe stieg Daimler-Benz in das »Oberhaus« der Allrad-Ackerschlepper auf, die nun, ausgestattet mit den 6-Zylindermotoren aus der aktuellen Unimog-Baureihe, dem Kundenwunsch nach mehr Leistung entsprachen. Der MB-trac 1100 bekam die Direkteinspritzer-Version des OM 352 (BM 353.949) eingebaut und mit dem OM 352 A (BM 353.957) im MB-trac 1300 hielt auch der Abgas-Turbolader zur Leistungssteigerung Einzug in der Ackerschlepperproduktion von Daimler-Benz.

Die MB-trac 700 bis 1500 erhielten Mitte 1984 einen neuen Seriensitz der Firma Isringhausen (Typ Isri 6000/516). Dieser neue stahlgefederte Hydrauliksitz verfügte serienmäßig über eine Längsfederung mit Dämpfung und hat einen Stoffbezug. Als Sonderausrüstung war für alle MB-trac der Fahrersitz auch mit Luftfederung lieferbar. Die Federung übernahm dabei ein Luftbalg (analog der Luftfederung beim Lkw), der sich dem Fahrergewicht automatisch über ein Niveauregelventil anpasste. Dieses Regelventil wurde über eine Kurvenscheibe, ähnlich wie bei der Regelhydraulik die Lageregelung, gesteuert. Je nach Sitzbelastung wurde der Luftbalg gefüllt oder entleert. Die Dämpfung erfolgte durch einen Hydraulikstoßdämpfer. In der Rückenlehne war eine pneumatische Lendenwirbelstütze integriert. Sie bestand aus zwei getrennt aufblasbaren Kammern, die in Höhe der Lendenwirbel angeordnet waren und über Wippschalter dem Fahrerrücken angepasst gefüllt werden konnten.

Mit neuer Kabine präsentierte sich ab 1984 die Schwere Baureihe MB-trac. Die neue Kabine war in ihrer äußeren Erscheinungsform mit der bisherigen identisch. Die Neuerungen umfassen die Innenausstattung, sowie ergonomische Verbesserungen. Die gesamte Innenverkleidung, Bodenmatte, Sitzbezug und Dachhimmel waren in dunkelbrauner beziehungsweise braun-beige-melierter Farbe gehalten. Die Bodenmatte war jetzt dicker, die Türen hatten ein stärkeres Dichtprofil erhalten. Ein neuer Sitz mit ergonomisch optimierter Rückenlehne, serienmäßiger Längsfederung und Stoffbezug statt Kunstleder war in die Serie eingelaufen. Ein luftgefederter Sitz mit pneumatischer Lendenwirbelstütze (SA) konnte alternativ dazu angeboten werden.

Eine Reihe von Produktneuerungen perfektionierte ab Anfang 1986 das technische Angebot der MB-trac-Allradschlepper noch weiter. Die MB-trac 1100 bis 1500 erhielten einen größeren Hydrauliköltank. Die Entnahmemenge erhöhte sich hiermit von 35 Liter auf 47 Liter. Für die MB-trac 1100 bis 1500 war nunmehr eine Heckkraftheber-Fernbetätigung lieferbar. Bei der mittleren Baureihe MB-trac 700 bis 1000 wurde die vorhandene Fernbetätigung weiter verbessert. Die Bedienung erfolgt nunmehr seitlich am Schlepper. Die ausstellbaren Front- und Heckscheiben wurden im Bereich der Stoßdämpfer und Rahmen stilistisch verbessert. Für den MB-trac 1000 im Forst wurde jetzt ein spezieller Forstrahmen angeboten.

Auf der Interforst in München wurde der MB-trac 1100 und 1300 in der Variante als Forstschlepper vorgestellt. Wieder war es die Firma Werner, die die trac optional mit Doppeltrommelwinde hinter der Kabine, mit Tragbergstütze, mit Rückeschild für den Heckanbau und mit Frontpolderschild ausstattete. Ebenfalls gab es auch für die leichte und mittlere Baureihe für den Einsatz unter beengten Verhältnissen, wie sie oft bei Milchviehbetrieben zu finden waren, die Niedrigkabine der Firma Mauser aus Breitenau/Österreich, die ab 1983 durch die von Daimler-Benz gebaute Niedrigkabine ersetzt wurde.

Technische Weiterentwicklung und zukunftsorientierte Forderungen führten zur elektronischen Hubwerksregelung (EHR), die in Zusammenarbeit mit der Firma Bosch als Sonderausstattung für die MB-trac 1100, 1300 und 1500 angeboten wurde. Erstmals auf der DLG 1984 in Frankfurt vorgestellt, war diese Neuerung für die schwere Baureihe MB-trac ab August 1985 auf Wunsch lieferbar. Bisher wurden Hubwerksregelsysteme mechanisch-hydraulisch realisiert. Die technischen Anforderungen an den modernen Ackerschlepper hatten sich jedoch gewandelt. Dies galt vor allem für geschlossene und gefederte Kabine, wachsende Anforderungen an den Bedienungskomfort und die Sicherheit, Forderung nach verbesserter Regelgüte (kleinere Regelabweichungen, weiches Übergangsverhalten, volle Ausnutzung der Motorleistung), wachsende Schlepperleistungen und neue Anbaugeräte.

Bei diesem fortschrittlichen System erfolgte die Lage- und Zugkraftmessung durch elektrische Sensoren. Die Kräfte im Unterlenker wurden durch zwei Kraftsensoren direkt erfasst, die Messfeder konnte dadurch entfallen. Die Position der Kurvenscheibe wurde durch einen induktiven Wegsensor gemessen. Die Signale wurden ausschließlich durch elektrische Leitungen

In vielen Betrieben arbeitet der MB-trac mit speziell zusammengestellten Kombinationen.

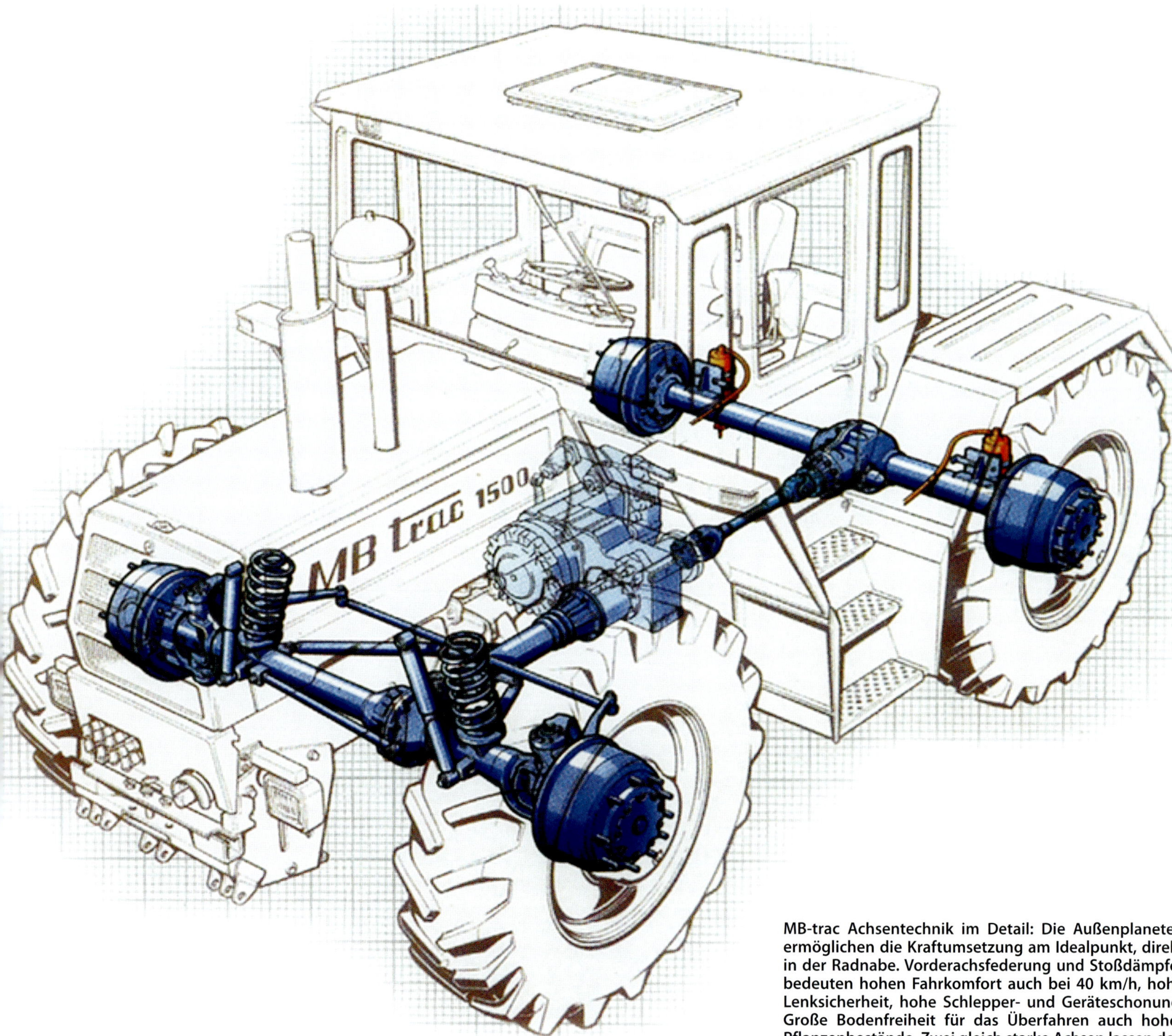

MB-trac Achsentechnik im Detail: Die Außenplaneten ermöglichen die Kraftumsetzung am Idealpunkt, direkt in der Radnabe. Vorderachsfederung und Stoßdämpfer bedeuten hohen Fahrkomfort auch bei 40 km/h, hohe Lenksicherheit, hohe Schlepper- und Geräteschonung. Große Bodenfreiheit für das Überfahren auch hoher Pflanzenbestände. Zwei gleich starke Achsen lassen den sicheren Betrieb schwerer, leistungsfähiger Geräte zu.

MB-trac Allradtechnik im Detail: Klauendifferenzialsperre mit 100%iger Sperrwirkung, vollbelastbare Zapfwelle vorn und hinten von 540/min auf 1000/min umschaltbar, vollsynchronisiertes und vollbelastbares Wendegetriebe, durch Zuschaltung des Vorderachsantriebes über eine Klauenkupplung wird ein absoluter Gleichlauf beider Achsantriebe erreicht.

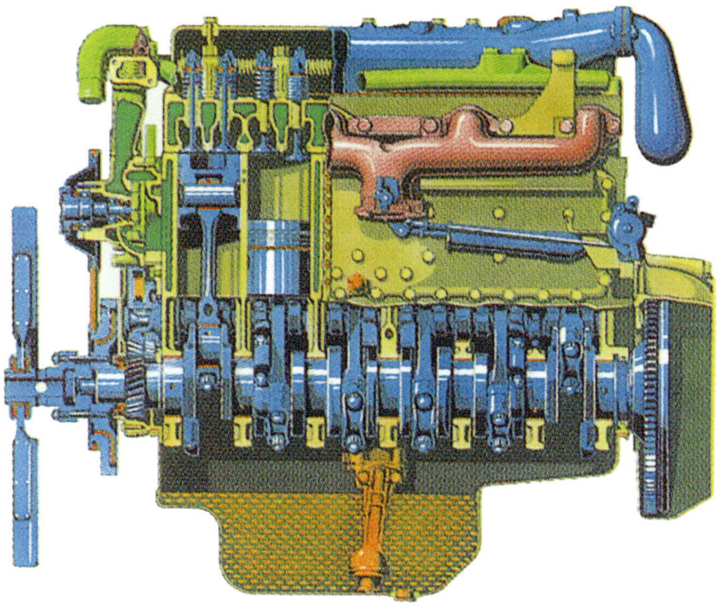

MB-trac Motorentechnik im Detail: sparsamer Sechszylinder-OM 352 für den MB-trac 1000.

übertragen. Die Vorteile der elektronisch gesteuerten Hubwerksregelung waren erhöhter Bedienungskomfort, verbesserte Regelgüte, kleinere Regelabweichungen, weiches Übergangsverhalten und damit noch bessere Ausnutzung der Motorleistung, kein Verschleiß von Übertragungsteilen, die Lebensdauer der elektrischen Steuerung war nahezu unbegrenzt, zukünftige Anschlussmöglichkeiten weiterer Regelgrößen auch von Anbaugeräten.

Unterteilt man die Komponenten eines Regelkrafthebers, so bestand dieser aus Regelventil mit Bedienungshebel (Sollwerteingabe) und Regelfeder einerseits sowie der Kurvenscheibe andererseits mit Übertragungsgestänge als Istwerteingabe. Bei der elektronisch gesteuerten Hubwerkregelung (EHR) wurde über ein Bedienpult die Steuerung des Krafthebers vorgenommen. Anstelle der Regelfeder wurden Kraftmessbolzen direkt mit den Unterlenkern verbunden und die Signalweiterleitung mittels elektrischer Signale über eine Elektronikbox auf das Elektromagnetventil übertragen.

Die Elektronikbox war die Verarbeitungszentrale der elektrischen Steuersignale. Eine »gedruckte Schaltung« beinhaltete sämtliche Anforderungen der elektrisch gesteuerten Hubwerkregelung (EHR). Der Istwert wurde mit dem am Bedienteil eingegebenen Sollwert verglichen und bei Abweichung die Arbeitstiefe entsprechend korrigiert. Ein Korrekturimpuls von der Elektronikbox steuerte ein Magnetventil, das die Hubzylinder in die entsprechende Stellung brachte. Für die Lageregelung tastete ein Wegsensor die Stellung der Hubwelle ab und gab Lagesignale an die Elektronikbox. Insgesamt erhöhte die EHR den Bedienkomfort und verbesserte die Regelgüte und damit die Auslastung des Motors.

Außer den Bedienelementen im Fahrerhaus waren zur Fernbetätigung des Krafthebers Druckschalter am Heck des Schleppers jeweils an beiden Seiten angebracht. Hiermit war ein wesentlicher Beitrag zur Verbesserung der praktischen Bedienung gegeben. In der praktischen Handhabung bot die elektronisch gesteuerten Hubwerkregelung (EHR) noch folgende Vorteile: Der einmal eingestellte Sollwert, z.B. beim Pflügen, blieb. Das Ausheben und Absenken wurde mit dem separaten Schalter vorgenommen. Mit dem separaten Schalter war auch der sogenannte »Schnelleinzug« möglich. Durch Betätigung dieser Schaltstellung wurde der eingestellte Sollwert überspielt (es wurde auf Schwimmstellung geschaltet), die Pflugtiefe konnte hiermit am Furchenanfang schnell erreicht werden. Darüber hinaus konnte nun auch der Kraftheberweg nach oben in jeder beliebigen Lage einjustiert werden, was Vorteile bei zapfwellengetriebenen Geräten brachte, die in Transportstellung einen zu großen Gelenkwellenwinkel aufwiesen.

Die elektronisch gesteuerte Hubwerkregelung (EHR) war unter anderem gegen unbefugte Inbetriebnahme geschützt, so konnte man z.B. den Kraftheber bei abgestelltem Schlepper nicht betätigen, was im Hinblick auf Kinder außerordentlich sinnvoll war. Die elektronischen Steuerungseinrichtungen waren stoßfest, spritzwassergeschützt und funkentstört.

Ab Februar 1984 konnte die Mittlere Baureihe mit einer neuen integrierten Belüftung und mit Filter für Heizungslüftung ausgestattet werden. Der MB-trac 1000 verfügte nun über einen in verschiedenen Details überarbeiteten und verbesserten Heckkraftheber, der die Hubkraft auf 47.00 N (4.700 kp) erhöhte. Auch die Typen der Mittleren Baureihe erhielten 1984 den neuen stahlgefederten Hydrauliksitz Typ Isri 6000/516 der Firma Isringhausen, der als Sonderausrüstung mit Luftfederung den Fahrkomfort nochmals erhöhte. Als es für die Mittlere Baureihe (MB-trac 700, 800, turbo 900 und 1000) im Jahre 1987 auch zu einem Generationswechsel kam, hatten in diesen 15 Jahren seit ihrer Premiere im Jahre 1973 insgesamt 25.067 Fahrzeuge die Fertigungsbänder im Werk Gaggenau verlassen. Von der Schweren Baureihe wurden insgesamt 5.835 Fahrzeuge gefertigt. Dann erfolgte der Generationswechsel mit neuen Motoren, neuem Aussehen und vielen technischen Weiterentwicklungen.

MB-trac – Baureihe 442 – Typ 1100 – BM 442.161	1976-1984
Motor	
Baumuster (BM)	353.949
Bauart	Daimler-Benz 6-Zylinder-Viertakt-Diesel-Direkteinspritzer, stehend in Reihe Typ OM 352
Bohrung x Hub	97 x 128 mm
Hubraum	5.675 ccm
Leistung	110 PS (81 kW) 2.600/min
Drehmoment	364 Nm / 1.800/min
Verdichtung	17 : 1
Gemischbereitung	Bosch -Reiheneinspritzpumpe mit RSV-Regler
Kühlung	Wasserkühlung mit Thermostat (21 Liter Kühlwasservorrat)
Luftfilter	Trockenluftfilter
Elektr. Anlage	Drehstromlichtmaschine 770 Watt, 14 Volt 55 A, Batterie 12 V / 120 Ah (2 x 60 Ah)
Kraftübertragung	
Antrieb	Vorderachsantrieb und Differenzialsperren in beiden Achsen, während der Fahrt ohne Zugkraftunterbrechung pneumatisch zu- und abschaltbar (Allrad)
Kupplung	Zweischeiben-Trockenkupplung, Druckplattendurchmesser 330 mm, Anpreßfläche 564 cm^2
Getriebe	Vollsynchronisiertes 6-Gang Schaltgetriebe mit integriertem Vorderradantrieb (Allrad) alle Gänge auch rückwärts fahrbar, Nachschaltgetriebe
Typ	UG 3/40 - 6/9,35 GPA
Fahrgeschwindigkeit	Normal: 4,8 / 6,6 / 9,0 / 12,3 / 17,3 / 25,0 km/h Schnell (A11): 5,9 / 8,2 / 11,2 / 15,2 / 21,3 / 30,0 / 40,0 (G71) km/h Arbeitsgang (G20): 1,5 / 2,1 / 2,8 / 3,9 / 5,4 / 7,5 km/h
Achsübersetzung	i = 15,224
Fahrwerk	
Rahmen	Leiterrahmen aus gewalztem U-Profil mit Rohrquerträgern
Fahrerhaus	OECD-geprüfte Ganzstahl-Sicherheitskabine für 2 Personen, 3-Punkt gelagert, seitlich kippbar
Achsen / Federung	Außenplanetenachsen mit Differenzialsperren, baugleich vorn und hinten
vorn	mit Schubrohr, Schraubenfedern, Teleskopstoßdämpfer, Querlenker
hinten	starr mit dem Rahmen verbunden, Kardanwellen-Antrieb
Bremsen	Hydr. Zweikreis-Trommelbremse mit zweikreisiger pneumatischer Übertragung, druckluftbetätigte Federspeicher-Feststellbremse auf die Hinterräder wirkend
Anhängekupplung	nicht selbsttätig, Rockinger 277 C, zul. Stützlast 1.500 kg, Anhängemaul vorn
Drucklufterzeugung	luftgekühlter Kompressor über Nockenwelle direkt vom Motor angetrieben, Förderleistung 133/128 Liter/min bei 7 bar / 2400/min, Inhalt 10 und 30 Liter
Lenkung	hydrostatische Lenkung mit 2 Lenkzylindern und separater Pumpe
Räder	W 8 x 36 / W 13 x 30
Bereifung	9,5 - 36 /12 PR; 14,9 - 30 /10 PR; 16,9 - 30 / 12 PR; 18,4 - 30 /10 PR
Allgemeine Daten	
Radstand	2.650 mm
Spurweite v/h	1.870 mm
Gesamtmaße	4.660 x 2.435 x 2.915 mm
Vorbaumaß	1.190 mm
Bodenfreiheit/Diff.	500 mm
Böschungswinkel vorn	37°
Höchstgeschwindigkeit	25 km/h
kl. Wendekreis	13,0 Meter
Leergewicht	5.600 kg
zul. Gesamtgewicht	9.000 kg
zul. Achslast v/h	4.680 kg
zul. Anh.Last gebremst	16.000 kg
Füllmenge Motor	13 Liter
Kraftstofftank	170 Liter

	MB-trac – Baureihe 443 – Typ 1300 – BM 443.161 1976-1987	MB-trac – Baureihe 443 – Typ 1500 – BM 443.162 1980-1987
Motor		
Baumuster (BM)	353.957	353.976
Bauart	Daimler-Benz 6-Zylinder-Viertakt-Diesel-Direkteinspritzer, stehend in Reihe mit Abgasturbolader Typ OM 352 A	
Hubraum		
Leistung	125 PS (92 kW) 2.500/min	150 PS (110 kW) 2.400/min
Drehmoment	412 Nm / 1.700/min	500 Nm / 1.500/min
Verdichtung	17 : 1	
Gemischbereitung	Bosch -Reiheneinspritzpumpe mit RSV-Regler	
Kühlung	Wasserkühlung mit Thermostat (21 Liter Kühlwasservorrat)	
Luftfilter		
Elektr. Anlage	Drehstromlichtmaschine 770 Watt, 14 Volt 55 A, Batterie 12 V / 120 Ah (2 x 60 Ah)	
Kraftübertragung		
Antrieb	Vorderachsantrieb und Differenzialsperren in beiden Achsen, während der Fahrt ohne Zugkraftunterbrechung pneumatisch zu- und abschaltbar (Allrad)	
Kupplung	Zweischeiben-Trockenkupplung, Druckplattendurchmesser 330 mm, Anpreßfläche 564 cm^2	
Getriebe	Vollsynchronisiertes 6-Gang Schaltgetriebe mit integriertem Vorderradantrieb (Allrad), alle Gänge auch rückwärts fahrbar, Nachschaltgetriebe	
Typ	UG 3/40 - 6/9,35 GPA	
Fahrgeschwindigkeit	Normal: 4,8 / 6,6 / 9,0 / 12,3 / 17,3 / 25,0 km/h Schnell (A11): 5,9 / 8,2 / 11,2 / 15,2 / 21,3 / 30,0 / 40,0 (G71) km/h Arbeitsgang (G20): 1,5 / 2,1 / 2,8 / 3,9 / 5,4 / 7,5 km/h	
Achsübersetzung		
Fahrwerk		
Rahmen	Leiterrahmen aus gewalztem U-Profil mit Rohrquerträgern	
Fahrerhaus	OECD-geprüfte Ganzstahl-Sicherheitskabine für 2 Personen, 3-Punkt gelagert, seitlich kippbar	
Achsen / Federung	Außenplanetenachsen mit Differenzialsperren, baugleich vorn und hinten	
vorn	mit Schubrohr, Schraubenfedern, Teleskopstoßdämpfer, Querlenker	
hinten	starr mit dem Rahmen verbunden, Kardanwellen-Antrieb	
Bremsen	Hydr. Zweikreis-Trommelbremse mit zweikreisiger pneumatischer Übertragung, druckluftbetätigte Federspeicher-Feststellbremse auf die Hinterräder wirkend	
Anhängekupplung	nicht selbsttätig, Rockinger 277 C, zul. Stützlast 1.500 kg, Anhängemaul vorn	
Drucklufterzeugung	luftgekühlter Kompressor über Nockenwelle direkt vom Motor angetrieben, Förderleistung 133/128 Liter/min bei 7 bar / 2400/min, Inhalt 10 und 30 Liter	
Lenkung	hydrostatische Lenkung mit 2 Lenkzylindern und separater Pumpe	
Räder	W 8 x 36 / W 13 x 30	
Bereifung	9,5 - 36 /12 PR; 14,9 - 30 /10 PR; 16,9 - 30 / 12 PR; 18,4 - 30 /10 PR; 18,4 R 34	
Allgemeine Daten		
Radstand	2.650 mm	2.650 mm
Spurweite v/h	1.870 mm	1.870 mm
Gesamtmaße	4.660 x 2.435 x 2.915 mm	4.680 x 2.500 x 2.930
Vorbaumaß	1.190 mm	1.190 mm
Bodenfreiheit / Diff.	535 mm	600 mm
Böschungswinkel vorn	37°	37°
Höchstgeschw.	25 km/h	25 / 30 / 40 km/h
kl. Wendekreis	13,0 Meter	13,0 Meter
Leergewicht	5.800 kg	6.220 kg
zul. Gesamtgewicht	10.000 kg	8.600 kg
zul. Achslast v/h	5.840 kg	4.300 kg
zul. Anh.Last gebremst	16.000 kg	16.000 kg
Füllmenge Motor	13 Liter	15 Liter
Kraftstofftank	170 Liter	170 Liter

MB-trac – Baureihe 441 – Typ 1000 – BM 441.161 1982-1987	
Motor	
Baumuster (BM)	353.985
Bauart	6-Zylinder-Direkteinspritzer OM 352
Bohrung x Hub	97 x 128 mm
Hubraum	5.675 ccm
Leistung	95 PS (70 kW) 2.400/min
Drehmoment	324 Nm / 1.600/min
Verdichtung	17 : 1
Gemischbereitung	Bosch -Reiheneinspritzpumpe mit RSV-Regler
Kühlung	Wasserkühlung mit Thermostat (16,5 Liter Kühlwasservorrat) (20 Liter)
Luftfilter	Trockenluftfilter mit Vorzyklon und Sicherheitspatrone, elektr. Wartungsanzeige
Elektr. Anlage	Drehstromlichtmaschine 770 Watt, 14 Volt 55 A, Batterie 12 V / 120 Ah (2 x 60 Ah)
Kraftübertragung	
Antrieb	Vorderachsantrieb und Differenzialsperren in beiden Achsen, während der Fahrt ohne Zugkraftunterbrechung pneumatisch zu- und abschaltbar (Allrad)
Kupplung	Einscheiben-Trockenkupplung, Druckplattendurchm. 330 mm, Anpreßfläche 564 cm^2
Getriebe	Vollsynchronisiertes Schaltgetriebe mit integriertem Vorderradantrieb (Allrad), Vorschaltgetriebe
	7 (8)-Vorwärts-u. 4-Rückwärtsgänge
Fahrgeschwindigkeit	Typ UG 2/30 - 7/11,26 GA
Gruppe I	3,5 / 5,9 / 9,5 / 15,7 km/h
Gruppe II	8,7 / 14,7 / 25,0 (40,0) km/h
rückwärts	4,6 / 7,7 / 12,5 / 20,5 km/h
Achsübersetzung	i = 14,845
Fahrwerk	
Rahmen	Leiterrahmen aus gewalztem U-Profil mit Rohrquerträgern
Fahrerhaus	Ganzstahl-Sicherheitskabine, 3-punktartig gelagert, 2sitzig, nach hinten kippbar
Achsen/Federung	Portalachsen mit Differenzialsperren und Radvorgelegen, baugleich vorn und hinten
vorn	mit Schubrohr, Schraubenfedern, Teleskopstoßdämpfer, Querlenker
hinten	starr mit dem Rahmen verbunden, Kardanwellen-Antrieb
Bremsen	Hydraulische Einkreis Scheibenbremse mit Druckluftunterstützung, druckluftbetätigte Federspeicher-Feststellbremse auf die Hinterräder wirkend
Anhängekupplung	nicht selbsttätig, Rockinger 278 B, zul. Stützlast 1.500 kg
vorn / hinten	Anhängemaul mit Steckbolzen (30 mm) / höhenverstellbar
Drucklufterzeugung	luftgekühlter Kompressor über Nockenwelle direkt vom Motor angetrieben, Förderleistung 120 Liter/min bei 8 bar / 2400/min, Inhalt 35,5 Liter
Lenkung	hydrostatische Lenkung mit 2 Lenkzylindern und separater Pumpe
Räder	13,0 x 24
Bereifung	16,9 R 24
Allgemeine Daten	
Radstand	2.600 mm
Spurweite v/h	1.650 mm
Gesamtmaße	4.450 x 2.160 x 2.870
Vorbaumaß	1.165 mm
Bodenfreiheit/Diff.	550 mm
Böschungswinkel v.	40°
Höchstgeschw.	20 / 25 / 32 / 40 km/h
kl. Wendekreis	11,2 Meter
Leergewicht	4.500 kg
zul. Gesamtgewicht	7.000 kg
zul. Achslast v/h	3.660 kg
zul. Anh.Last gebr.	16.000 kg
Füllmenge Motor	15 Liter
Kraftstofftank	135 Liter

Preise / Lieferausführung MB trac 1100 / 1300 BR 442 / 443 Stand 8/1977									
Preise MB trac 1100 (BM 442.161)					**Preise MB trac 1300** (BM 443.161)				
	9,5 - 36 12 PR	14,9 - 30 10 PR	16,9 - 30 12 PR	18,4 - 30 10 PR		9,5 - 36 12 PR	14,9 - 30 10 PR	16,9 - 30 12 PR	18,4 - 30 10 PR
Grundpreis	**79.945,--**	**80.865,--**	**82.105,--**	**82.425,--**	**Grundpreis**	**83.640,--**	**84.560,--**	**85.800,--**	**86.120,--**
									(Preise in DM ohne Mehrwertsteuer)

Lieferausführung	
Motor:	**1100:** MB-6-Zylinder-Diesel-Direkteinspritzmotor, Typ OM 352, 110 PS (81 kW) bei 2.600/min **1300:** MB-6-Zylinder-Diesel-Direkteinspritzer, Turbo, Typ OM 352A, 125 PS (92 kW) 2.600/min Kühlerfrostschutzmittel bis -25° C. Tankinhalt 170 Liter, Anlaßsperre, Auspuff-Regenschutzklappe
Elektrik:	Drehstromlichtmaschine, 14 V / 35 A (490 Watt), Batterie 12 V / 110 Ah
Armaturen:	Traktometer; Kombiinstrument für Öldruck, Temperatur, Kraftstoff, Druckluft, Blinkkontrollleuchten
Getriebe	MB-Sperrsynchrongetriebe mit 14 Vor- und 14 Rückwärtsgängen, Zweifachkupplung, 25 km/h Geschwindigkeits-Bereich: 0,9/1,2/1,6/2,2/3,1/4,3/5,0/5,9/6,9/8,1/9,4/12,8/18,0/24,9 km/h
Zapfwelle:	Hinten lastschaltbar, 1 3/8" oder 1 3/4" Keilwellen- oder Evolventenprofil, umschaltbar von 540 auf 1.000/min
Antrieb:	Allradantrieb m. Differenzialsperren in beid. Achsen, während der Fahrt pneum. zu- und abschaltb.
Hydraulik:	2 Steuergeräte doppeltwirkend mit Schwimmstellung, 2 Stecker hinten, 2 Stecker vorn (L222H), 200 bar, 40 L/min Fördermenge (1300: 60 L/min), 50 L Ölvolumen, doppeltwirkender Freigangkraftheber mit mech. Raddruckverstärker »Servotrak«, kurze Anhängeschiene, Kat. II, Hubkraft 4.100 kp (1300: Kat. III, Hubkraft 5.000 kp)
Lenkung:	Hydrostatische Servolenkung mit separater Ölpumpe und Behälter
Bremsanlage:	Luftbetätigte hydraulische Vierrad-Betriebsbremse, mech. Federspeicher-Feststellbremse hinten
Druckluftanl.	Luftpresser, Luftvorratsbehäler, Reifenfüllanschluß
Anh.kupplg.	Hinten Fangmaul mit Steckbolzen, (höhenverstellbar), vorn Anhängemaul
Fahrerhaus:	OECD und LBG geprüfte Ganzstahl-Kabine, Heizungs- und Lüftungsanlage, Dachlüftungsklappe
Fahrersitz:	Hydraulisch, gewichtseinstellbar, Längs- u. Höhenverstellung, Neigungsverstellung für Rückenlehne, Rückenlehne, Armlehnen
Beifahrersitz:	Gepolstert, klappbar in Kabine, herausnehmbar
Zubehör:	Werkzeugsatz, Wagenheber, Unterlegkeil, Verbandskasten mit Halter, Warnblinkanlage, Warndreieck, Warnleuchte
Lackierung:	hellgelbgrün 6841

MB-trac 1000 (BM 441.161) im kombinierten Geräteeinsatz mit Frontrüttelegge, Heckkreiselegge und Getreidedrille.

MB-trac 1100 bei der Zuckerrüben-Verladung mit Hecklader.

Preise / Sonderausrüstungen MB trac 1100 / 1300 BR 442/443 8/1977

Getriebe / Zapfwellen		
G21	8 Kriechgänge zusätzlich	**1.100,--**
N20	Zapfwelle vorn 1 3/8" Keilwelle 6teilig	**970,--**
N22	1 3/4" Keilwelle 6teilig	**970,--**
N21	1 3/8" Evolvente 21teilig	**970,--**
N23	1 3/4" Evolvente 20teilig	**970,--**
G72	Schnellgang mit verst.Einkr.bremsanl.	**155,--**
Hydraulik		
H33	**1100:** Starke Kraftheberanlage	**450,--**
H12	3.Steuerger.m. je 2 Stecker v/h zus.	**860,--**
H83	3.+4.Steuerger.m. je 4 Steck. v/h zus.	**1.720,--**
H40	Frontkraftheber Kat. II (1 Zyl.)	**1.175,--**
H41	Frontkraftheber Kat. II (2 Zyl.)	**1.850,--**
H89	Sep. Rücklaufleitung vorne	**60,--**
H69	Sep. Rücklaufleitung hinten	**130,--**
H29	Regelkraftheberanl.m.Dreip.gest. II	**820,--**
	1100: mit Dreip.gest Kat.III + Red.teile	**1.385,--**
Q51	**1100:** Dreip.gest. III m. Reduzierteil	**565,--**
Q53	mit ausziehbare Unterlenker	**945,--**
Q53	**1300:** Ausziehbare Unterlenker	**380,--**
Bremsen		
B45	Anhängerbremsanlage 1-u.2-Leitg.	**1.300,--**
Rahmen/Fahrwerk		
Q14	Anhängekupplg. selbsttät. Rockinger	**145,--**
Q65	Hitch feststehend	**1.920,--**
Q66	Zugpendel komplett	**1.490,--**
Z98	Hitchhaken	**670,--**
D48	Halter für Frontgewichte	**260,--**
D47	1 Stück Frontgewicht 45 kg	**155,--**

Motor		
M32	Zusatzluftpresser	**825,--**
Instrumente/Elektrik		
L45	2 Arbeitsscheinwerfer hi an Kamin	**110,--**
L47	2 Zusatzscheinwerfer vorn an Kabine	**110,--**
M58	Startpilot	**85,--**
E31	Aqua-Gen-Stopfen für Batterie	**24,--**
Kabine/Aufbau		
S25	Windschutzscheibe Verbundglas	**50,--**
S27	Frontscheibe aufstellbar	**440,--**
S28	Heckscheibe aufstellb. m. Scheib.w.	**560,--**
S29	Front-,Heck- Seitenscheib. wärmed.	**95,--**
S35	Scheibenwaschanlage	**65,--**
S37	Scheibenwaschanl. f. Heckscheibe	**150,--**
S48	Kabinenheckscheibe schiebbar	**175,--**
D68	Geräteaufbaurahmen	**500,--**
D68	Geräteaufbaurahmen (b.Q41,51,53)	**435,--**
C57	Drehgriff für Lenkrad	**15,--**
S04	Drehsitz	**2.500,--**
F47	Klimaanlage	**3.300,--**
Reifen/Räder		
R72	Räder spurverstellbar für 14,9-30, 16,9-30, 18,4-30	**660,--**
T80	Reserverad 9,5-36/12PR spurverst.b.	**1.290,--**
T71	Reserverad 14,9-30 /10 PR	**1.520,--**
T72	Reserverad 14,9-30 /10 PR verst.b.	**1.685,--**
T71	Reserverad 16,9-30 /12 PR	**1.830,--**
T72	Reserverad 16,9-30 /12 PR verst.b.	**1.995,--**
T71	Reserverad 18,4-30 /10 PR	**1.910,--**
T72	Reserverad 18,4-30 /10 PR verst.b.	**2.075,--**
T71	Reserverad 18,4 R 30 /10 PR	**2.090,--**
T72	Reserverad 18,4 R 30 /10 PR verst.b.	**2.255,--**

Räder und Reifen MB-trac Typ 1100, 1300 Stand 12/1979											
Reifengröße	PR	Scheibenrad-bezeichnung	DB-Nummer	Scheibenrad-Gewicht kg	Einpresstiefe mm	Radeinschlag °	Reifen Ø mm	Reifenbreite	Spurweite Normal	Spurweite Radumschlag	Verstell-spuren
9,5-36	12	W 8x36	442 401 0101	55	262	35	1355	260/			1800
9,5R36					226						1870
					160						2000
12,4-38	12	W 11x38	442 401 0401		262	35	1515	340/	1800	2870	
12,4R38					160					2665	2000
					139					2625	2040
					37					2420	2250
16,9-30	12	W 15Lx30	442 401 0501	90	262	35	1475	460/	1800		
16,9R30					226						1870
					160						2000
		W 15Lx30	442 401 0601	90	226		1485	460/	1870		
			443 401 0201								
18,4-30	8	W 15Lx30	442 401 0601		226	35	1550	470/	1870		1870
			442 401 0501		160		1550				2000
18,4-30	10	W 15Lx30	442 401 0501	90	262	35	1550	500/	1800		
18,4R30	12				226						1870
					160						2000
		W 15Lx30	442 401 0601		125						2070
			442 401 0201		226		1485	500	1870		
14,00-20X	18	10,0-20	000 401 7401		120	35	1238	405	2083		

Hier ein Bild der ersten Serienversion des MB-trac 1000. Motorhaubenoberseite und Front noch in Schwarz, Kotflügel und Einstiege in Hellgelbgrün. So ging der trac allerdings nicht in Serie.

MB-trac turbo 900 mit Exakt-Düngerstreuer und Kipptank.

MB-trac 1100.

MB-trac 1000 mit Frontspritze und Saatbettbereitung zum verlustfreien Einarbeiten von Herbiziden.

Prototyp Baureihe 442.

MB-trac 1000. Schwere Jauchefässer stellen auf hängigen Grünlandflächen hohe Anforderungen.

MB-trac 1000 mit Umfüll-Freisicht-Behälter beim Umfüllen in heckangebauten und –angehängten Mineraldüngerstreuer und Sämaschine. Hier handelt es sich um einen Vorserientrac aus dem Versuch.

MB-trac 1000 mit Umfüll-Freisicht-Behälter.

So ging der MB-trac 1000 in Serienfertigung.

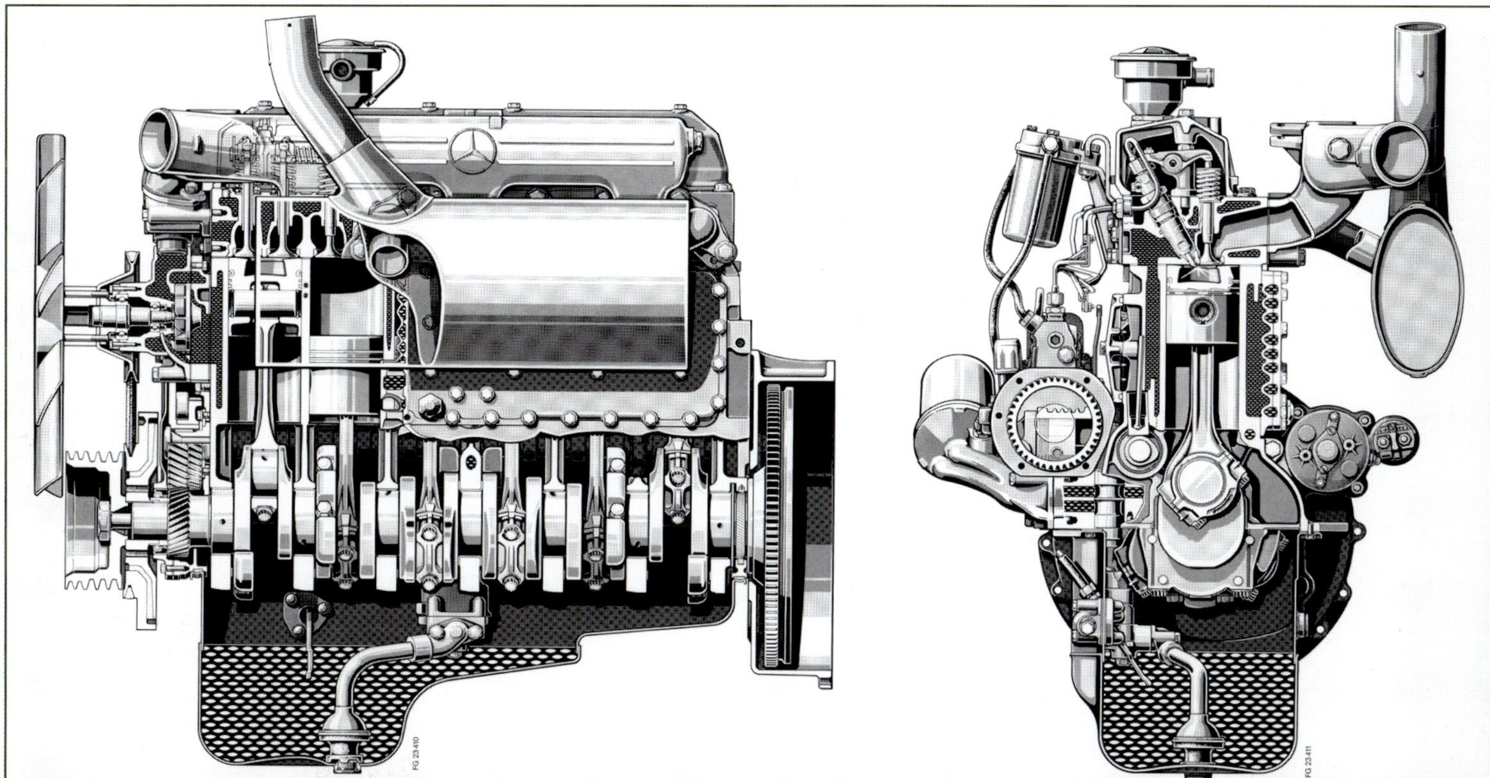

DB 6-Zyl. Viertakt-Dieseleinspritzer, OM 366, BM 366.912/908 für MB-trac 1000/1100 mit 100/110PS.

Im Aufwind: MB-trac als erfolgreiches zukunftsweisendes Allradschlepper-Konzept.

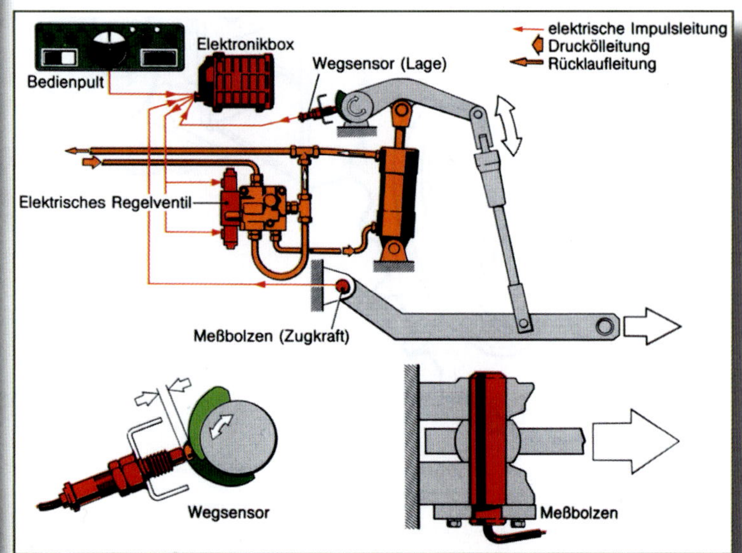

Funktion der elektronisch gesteuerten Hubwerkregelung.

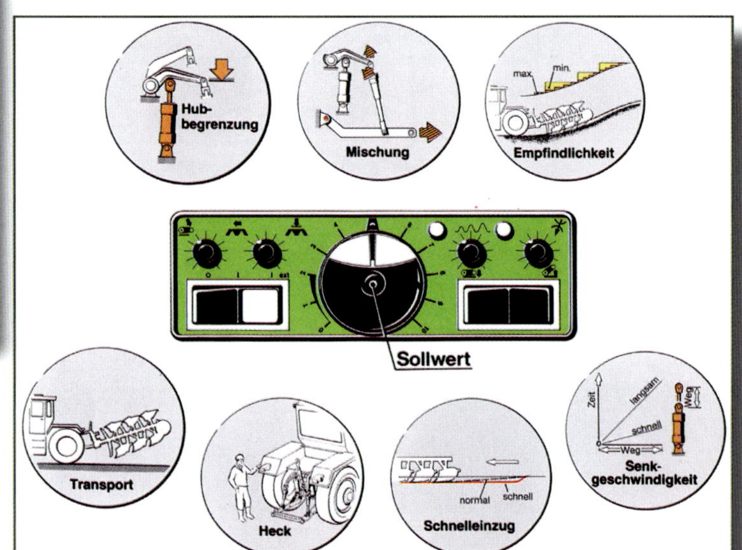

Bedienpult für die elektronisch gesteuerte Hubwerkregelung.

MB-trac 1300 mit Fünfschar-Volldrehpflug.

MB-trac 1500 mit Frontballast beim Pflügen.

MB-trac 1500 mit 40 km/h beim Transport.

Auch zwei voll beladene Anhänger sind für den MB-trac 1500 kein Problem.

MB-trac 1500 mit Front- und Heckpflug-Kombination.

MB-trac 1500.

MB-trac 1500 Industriezugmaschine.

MB-trac 1500.

MB-trac 1300.

Überlegene MB-trac Technik
garantiert Einsatzsicherheit
und Wirtschaftlichkeit.
Mercedes-Benz
MB trac turbo
900

Eine geräumige und funktionelle Kabine. Zentral zusammengefasste, überschaubare Instrumente.

Fahrerhaus-Komfort beginnt beim Einsteigen.

Funktionell richtig angeordnete Bedienungshebel.

1982, mit Einführung des MB-trac 900, zog dieser schnell im Bereich der Forstwirtschaft ein, wurde schnell zum Liebling der Holzrücker und zum meistgekauften Forstschlepper

Der MB-trac 800, hier mit Rückezange, war über Jahre das Maß aller Dinge für Arbeiten im Forst. Es gab kein vergleichbares Fahrzeug.

MB-trac 700

Der leistungsstarke Schwachholz-Rückeschlepper. Die Funkanlage, auf Wunsch mit Sekundär-Anlage, garantiert eine rationelle Schwachholz-Bringung aus Durchforstungen. Das hydraulisch höhenverstellbare Heck-Panzerschild ermöglicht eine optimale Lastaufnahme.

MB-trac 800/900/1000

Die Marktführer unter den Rückeschleppern. Leistungsfähiger Bringungsschlepper für mittleres und schweres Stammholz. Günstige Gewichtsverteilung, optimale Anordnung der Geräte, über Funk gesteuerte Seilwinden garantieren überdurchschnittliche Rückeleistungen.

MB-trac 700/800/900/1000

Ganzjähriger Einsatz des Forstschleppers, auch außerhalb der Holzbringung. Zum Beispiel bei der Schneeräumung oder Arbeiten in Verbindung mit der vorderen oder hinteren Zapfwelle, zum Beispiel Einsatz eines Schlegelmähers. Der MB-trac Forstschlepper hat mehr Möglichkeiten.

MB-trac 800/900/1000

mit Hebeschleifzug.
Für die Holzbringung am Steilhang ein leistungsfähiges Bringungsgerät. Mit der Frontseilwinde wird das Holz zum Polderplatz verzogen. Über Funk gesteuert bringt die Anlage im Arbeitsbereich von 200 bis 250 m an Steillagen hohe Rückeleistungen.

MB-trac Kurzholz-Rückezug

Stammholz-Rückeschlepper und gleichzeitig Kurzholz-Rückezug: Diese Möglichkeiten bieten die MB-trac 700/800/900/1000 als Basis-Rückemaschine. Hohe Wendigkeit durch Knicklenkung am Anhänger, günstige Fahreigenschaften auch im schwierigen Gelände kennzeichnen die Besonderheiten dieser Arbeitskombination.

MB-trac 800/900/1000

mit Stammholz-Rückezange.
Die bis 90 Grad nach rechts und links hydraulisch schwenkbare Stammholz-Rückezange ermöglicht ein problemloses Aufnehmen und Rücken von vorkonzentriertem Schwachholz und Stammholz auf befahrbaren Flächen. Alle Arbeitsabläufe werden vom Fahrersitz aus gesteuert.

MB-trac 800/900/1000

Die idealen Bringungsschlepper für Stamm- und Kurzholz. Ergänzt durch einen absetzbaren Kran, erschließen sie weitere Anwendungsgebiete, zum Beispiel die Kurzholzbringung mittels Kran. Optimale Anordnung der Geräte sowie günstige Gewichtsverteilung ermöglichen hohe fm/h-Leistungen.

MB-trac 700/800/900/1000

Forstwirtschaftliche Arbeitsmaschine oder Ackerschlepper. Holzbringung, Pflegearbeiten in der Forstwirtschaft, alle landwirtschaftlichen Arbeiten (ausgenommen Geräteaufbau Pritsche) mit einer Maschine. Schnelles Wechseln der Geräte und somit universelle Einsatzbereitschaft. Ein Leistungsbeweis des MB-trac Forstschlepper-Systems.

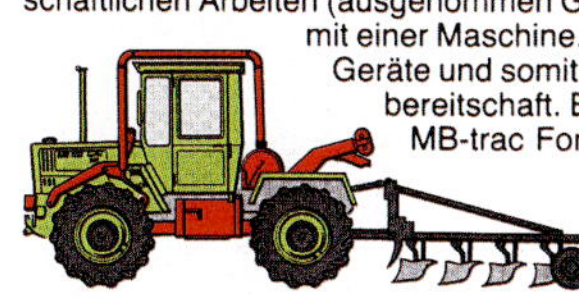

MB-trac 700 / K Baureihe 440 (1987-1991)
MB-trac 800 Baureihe 440 (1987-1991)
MB-trac 900 turbo Baureihe 440 (1987-1991)

Der neue MB-trac 900 turbo für den kommunalen Einsatz.

15 Jahren nach seiner Premiere im Jahre 1973 erfolgte für den MB-trac im Frühjahr 1987 eine, und wie sich zeigen sollte, letzte umfangreiche Überarbeitung. Mit neuen Motoren, neuem Aussehen und vielen technischen Weiterentwicklungen stellte sich jetzt der MB-trac in drei Gruppen mit acht neuen Typen dem immer schwerer werdenden Markt.

Im Rahmen der Modellpflege der Leichten und Mittleren Baureihe MB-trac kam mit dem Serienbeginn in der ersten Hälfte des Jahres 1987 die neuen Motoren OM 364 und OM 366 die Ablösung. Nun gehörten die neu vorgestellten MB-trac zur Premiumklasse der Traktoren dieser Zeit.

Neu waren auch die Baumusterbezeichnungen der Motoren. Die leichte Baureihe erhielt die geänderte BM 440.171, 440.172 und 440.173. Die mittlere Baureihe wurde nun mit der Baumusterbezeichnung 441.162 und 441.163 geführt, wobei der neu hinzugekommene MB-trac 1100 mit der BM 441.163 den MB-trac gleicher Verkaufsbezeichnung in der Schweren Baureihe 443, der aber nicht mehr gebaut wurde, ablöste. Mit einer Motorleistung von 110 PS war er ein idealer Pflegeschlepper für die schwere Bodenbearbeitung und den schweren Transport. Durch eine Übersetzung des Zwischenganges ins schnelle wurde das Getriebe des MB-trac 1100 ins schnelle entlastet. Neu war auch ein Getriebeölkühler. Sowohl beim MB-trac 1000 als auch beim MB-trac 1100 wurde für die Motorkühlung der Well-Rippenrohrkühler durch den Rippenrohrkühler ersetzte, damit er sich nicht so schnell zusetzte. Viele Verbesserungen im Detail kennzeichnete die letzte MB-trac-Generation. So waren sie äußerlich an dem gekrümmten Endrohr der Abgasanlage erkenntlich, das die Regenschutzklappe ablöste. Nun war auch eine in das Dach integrierte Klimaanlage für das Fahrerhaus erhältlich, optional mit Kohleaktivfilter zur Abfilterung chemischer Substanzen.

5 Jahre lang bis Mitte 1987 wurden die MB-trac 440/441mit den Motoren OM 314 und OM 352 gebaut, die sich gut bewährt hatten. Neue Abgasvorschriften erforderten jedoch eine technische Überarbeitung, denn am 1.10.1988 trat die EG-Richtlinie

88/77EWG für die Motoren in Traktoren im land- und forstwirtschaftlichen Einsatz in Kraft. Obwohl die so überarbeiteten Motoren der neuen Bezeichnung OM 364 und OM 366 bereits seit 1984 für die Lkw der leichten Klasse in die Serie einbezogen wurden, profitierte 1987 dann der MB-trac und ein Jahr später der Unimog, rechtzeitig und termingerecht von dieser Neuerung. Neu war bei allen Motoren im MB-trac die Vereinheitlichung der Nenndrehzahlen auf 2.400/min und der P-Grad der RSV-Drehzahlregler auf maximal 7% eingeengt. Die Motoren hatten nun eine größere Drehzahlsteifigkeit und eine höhere Durchzugskraft um auf Belastungen schneller reagieren zu können.

Die Leichte Baureihe wurde vom MB-trac-700 (BM 440.171) mit 68 PS (50 kW), vom MB-trac 800 (BM 440.172) mit 78 PS (57 kW) und vom MB-trac 900 turbo mit 90 PS (66 kW) gebildet. Sie waren mit dem neuen 4-Liter-Vierzylinder-Saugmotor Motor OM 364 ausgerüstet, wobei im 900er turbo zusätzlich ein Abgasturbolader (OM 364 A) Verwendung fand. Im Gegensatz zu den Modellen der Schweren Baureihe hatte sich das äußere Bild im Styling nicht geändert. Lediglich eine Ausbuchtung nach oben in der Motorhaube, darunter verbarg sich der Kühlwassereinfüllstutzen. Der Rippenrohrkühler besaß jetzt 22 Rippen/dm^2 mit über dem Motor angebautem, separatem Kühlmittelausgleichsbehälter in Kunststoffausführung.

Für alle MB-trac neu waren ab 1987 auch der Traktormeter und ein Kombi-Instrument in Durchlichttechnik und mit digitaler Anzeige der Fahrgeschwindigkeit und der Wegstrecke. Dabei wurde die Motor- und Zapfwellendrehzahl unverändert analog angezeigt. Als Besonderheit konnten über einen zusätzlichen Anschluss deren Messsignale für wegeabhängige Dosiereinrichtungen z.B. von Spritzen oder Düngerstreuer verwendet werden. Im Gegensatz zum IN-trac mit der agrotonic-i verfügten die MB-trac noch nicht über einen eigenen Bordcomputer. Aber verschiedene Elektronikherstellern wie z.B Müller-Elektronik und andere boten zur Nachrüstung in MB-trac diese Neuerung an. Somit war eine Steuerung und Regelung von Pflanzenschutzspritzen oder Drillmaschinen möglich, ebenso eine Speicherung der Ausbringmengen und ermöglichten zudem über Scheckkarten den Datentransfer vom Bordcomputer zum häuslichen PC. Eine erweiterte Funktion ermöglichte es, mit Hilfe von Kraftsensoren in den Hubarmen des Dreipunktgestänges, Gewichte zu ermitteln. Auf diese Weise erlaubte das Wiegesystem mit der Dreipunkthydraulik z.B. das Wiegen von Mineraldünger beim Ausbringen. Asbestfreie Bremsbeläge mit Haftbeschichtung an Vorder- und Hinterachse für den MB-trac 700, sowie das nun im Fahrerhausboden links platzierte Elektrofach rundeten die wichtigsten Neuerungen der Leichten Baureihe ab.

MB-trac 700 G. Erreicht mit dem 3. Anbauraum mehr Schlagkraft.

Mit seiner hohen Bodenfreiheit kann der MB-trac 1000 mühelos große Heuschwaden überfahren.

Den MB-trac 700 G gab es auf Wunsch auch mit Niedrigkabine 17 cm geringere Bauhöhe bei gleicher Bereifung).

Von der Weiterentwicklung bis zum Ende profitierte auch der Geräteaufbaurahmen, der hinter dem Fahrerhaus verstärkt wurde und Zentrierungen erhielt, die den Aufbau der Geräte erleichtern sollte. Er diente auch gleichzeitig zur Befestigung der Kotflügel. So wurde, kurz vor der Produktionseinstellung des MB-trac, die Art der Gerätebefestigung und die Abmessungen des neuen Rahmens zum internen Standard auch für die Schwere Baureihe MB-trac.

Für die zunehmend verwendeten Zwillings- und Breitreifen konnten nun, als vorteilhafte Erleichterung, die vorderen Kotflügel wegnehmbar ausgeführt werden, und damit war die nachträgliche Anbringung eines klappbaren Kotflügelausschnittes nicht mehr erforderlich. Auf Wunsch erhielten nun auch die MB-trac 441 wahlweise zur mechanischen Regelhydraulik eine digitale Regelhydraulik mit elektronischer Regelung des Zugwiderstandes, der Lage und des Zylinderdruckes inklusive Außenanschluss für die Tastregelung. Die Hubkräfte des Frontkrafthebers erhöhten sich nun auf 2.350 daN bzw. 2.500 daN, auch wurden die Unterlenker demontierbar ausgeführt und zusätzliche Bohrungen erlaubten die Anpassung des Hubbereichs an verschiedene Reifengrößen.

Von Anfang an war die Leistungsklasse der Leichten und Mittleren Baureihe MB-trac mit bislang mehr als 10.000 verkauften Exemplaren das größte Marktsegment. Unterstützende Verkaufsaktionen, auch im kommunalen Sektor, sollten Anfang 1990 diese Position festigen und machten letzte Anstrengungen notwendig.

MB-trac 700 K. Bequem und schnell: Exakt steuerbares Front-Böschungsmähwerk im Ein-Mann-Betrieb.

MB-trac 700 K mit Geräteanschluss vorn für kommunalen Frontanbau. Leistungsfähig im Winterdienst: Schneeräumen und gleichzeitig Streuen.

Der MB-trac 700, das Einstiegsmodell in die trac-Klasse, musste aufgrund bekannter, unterschiedlicher Problemstellung in der Vergangenheit immer deutlichere Marktanteils-Verluste hinnehmen. Gerade im Grünland-Bereich, in dem ursprünglich respektable Erfolge erzielt wurden, entstanden nicht unwesentliche Akzeptanzprobleme. Da der Grünland- und Futterbaubetrieb zu den relativ einkommenssicheren Betriebsformen zählte, sollte das Engagement in diesem Segment verstärkt werden. So bot man ab April 1990 den MB-trac 700 in einer speziellen, limitierten Grünland-Variante an. Den MB-trac 700 Grünland mit der Motorleistungserhöhung auf 78 PS gab es in Verbindung mit einer Sonderlackierung weiß zum Minder-Sonderpreis von DM 500.--.

Mit der Aktion »Family« wollte man ab Mai 1990 vor allem die kleinen und mittleren Familienbetriebe ansprechen und Ihnen den MB-trac 700 / 800 als »großen Hauptschlepper« – d.h. weg vom allgemeinen Pflegeschlepper-Status – anbieten. Dies bedeutete natürlich auch: Mit einem fest umrissenen Ausstat-

Den MB-trac 800 gab es 1990 in einer begrenzten Stückzahl als Sonderserie »Family«.

tungspaket bot man zwei Familiy-Typen zu einem interessanten Preis an. Beide Varianten, der MB-trac 700 Family und MB-trac 800 Familiy wurden den »neuen Kunden« als »attraktives Angebot« mit einem festgelegten Mindestausstattungs-Paket angeboten. Zum Ausstattungspaket »Family« gehörte eine Sonderlackierung (DB 6418), Komfort-Beifahrersitz gefedert, 3. Auftrittstufe beidseitig, ausstellbare Windschutzscheibe vorn, Radio incl. zwei Lautsprecher und Dachantenne, automatische Anhängekupplung, wärmedämmende Rundumverglasung, und Fernbetätigung Heckkraftheber. Diese Komfortausstattung wurde zu einem Minder-Sonderpreis von DM 800.-- angeboten.

Die MB-trac 700 bis 1100 erhielten separate Wasserausgleichsbehälter wie vom MB-trac 1000 bereits bekannt. Alle MB-trac erhielten Kühler mit größeren Durchgängen. Damit wurde die Verschmutzungsgefahr wesentlich verringert. Die neuen Rippenrohrkühler hatten in Verbindung mit speziellen Luftleitblechen auch eine erhöhte Kühlleistung.

»Für jede Arbeit die passende Geschwindigkeit« war die Praxisforderung an das Schleppergetriebe. MB-trac-Ackerschlepper erfüllten die Forderung von Anfang an. Die zahlreichen MB-trac-Getriebevarianten boten zudem eine individuelle Anpassung an die betriebsspezifischen Gegebenheiten (z.B. auch Führerscheinfrage) sowie die gesetzlichen Voraussetzungen im In- und Ausland. Jedem Anspruch gerecht wurde das schrägverzahnte und vollsynchronisierte Gruppengetriebe der MB-trac

Auch in schwierigem Gelände und mit schwerer Last beherrscht der MB-trac 700 G den Zug sicher.

700-1100. Das 16/8 Getriebe (a.W. 6/3 Kriechgänge) mit pneumatischer Zwischengangstufe »Pneumopower« erlaubte nach entsprechender Vorwahl einen weichen automatischen Gangwechsel durch einfache Kupplungsbetätigung. Dies war besonders vorteilhaft bei den vielfältigen Transportarbeiten in der damaligen Landwirtschaft.

Eine Besonderheit war der automatische Drehzahlbegrenzer. Bei den MB-trac-Typen 800-1100 reduzierte er im höchsten Gang (40 km/h) die Motordrehzahl und damit die Endgeschwindigkeit auf 30 bis 32 km/h. Das Fahren mit reduzierter Drehzahl sparte Kraftstoff. Bei erhöhtem Leistungsbedarf konnte sehr einfach in den Zwischengang geschaltet werden, der dann mit voller Drehzahl und voller Motorleistung ebenfalls eine Endgeschwindigkeit von 32 km/h erreichte. Das hieß, Sie wählten nach Gegebenheit den Spar- oder den Lastgang. Der automatische Drehzahlbegrenzer erlaubte aber auch allen Auszubildenden oder Inhabern der Führerscheine IV und V das Führen dieser Traktoren.

Aus dem 32-km/h-Schlepper war jederzeit durch Ausbau des Drehzahlbegrenzers (z.B. Führerschein-Klasse III ist nun vorhanden) – ohne jegliche Getriebe- oder Achsenumrüstung – die ursprüngliche 40-km/h-Variante darstellbar. Wichtige Voraussetzung: Eintragung der neuen Variante in die Papiere. Diese elegante Lösung bot nur der MB-trac.

Die Getriebeölkühler waren jetzt vor dem Motorkühler angeordnet. Mit diesen Getriebevarianten der MB-trac fand man immer die richtige Arbeitsgeschwindigkeit im landwirtschaftlichen und außerlandwirtschaftlichen Einsatzspektrum. Bei MB-trac 700-1100 waren 3 doppeltwirkende Zusatzsteuerventile möglich. Die hohe Pumpenleistung sorgte für schnelle Arbeitstakte und hohe Hubkräfte zur Beherrschung schwerster Gerätekombinationen.

Der MB-trac 700 und MB-trac 800 erhielten ein stärkeres »Rückgrat«. Die Ober- und Untergurte des Rahmes wurden verstärkt. Die bewährten starken Portalachsen bei den MB-trac 700-1100 boten hohe Bodenfreiheit und die Stahlrohrbauweise gewährleistete hohe Achslasten. Feder und Stoßdämpfer der Vorderachse wurden neu abgestimmt und dienten einer weiteren Verbesserung des Fahrverhaltens.

Eine integrierte Klimaanlage war nun auch für MB-trac 700-1100 lieferbar. Die Anlage leistete 6.000 Kilokalorien bei Mischluft von 50% Frischluft und 50% Umluft.

MB-trac 700 G. Frontanbauraum mit Frontkraftheber und hydraulischen Steckkupplungen zur Bedienung von Gerätezylindern und Ölmotoren.

Mit dem MB-trac 700 K als Zugmaschine: Hohes Transportvolumen durch Pritschenaufbau und Anhänger.

MB-trac 700 K. Vielseitig und ökonomisch im Einsatz.

Für Arbeiten bei der Wegeunterhaltung: MB-trac 700 K beim Einsatz mit Frontlader und Heckplanierschild.

MB-trac 700. Für hohe Flächenleistungen sorgt der Einsatz von Gerätekombinationen im Front- und Heckanbau.

MB-trac 700. Auch bei hoher Zuladung höchste Bodenschonung.

MB-trac 900 turbo mit Krone-Mähwerken im Grünland.

TÖL YP 4
Landsberg
MB trac
700
PÖTTINGER

MB-trac 800. Der kippbare Behälter ermöglicht große Flächenleistungen ohne Zeitverlust durch Leerfahrten.

MB-trac 800 bei einer Vorführung im Ackerbau.

MB-trac 900 turbo beim Rübendrillen

MB-trac 800. Rationale Arbeitsverfahren durch drei Anbauräume.

Sanfte Kraft mit hoher Sicherheit. Auch mit schweren Anhängelasten hat der MB-trac 800 keine Probleme.

Der MB-trac 800 als »Futterexpress« spart Zeit, arbeitet wirtschaftlicher und schont die Grasnarbe.

Der MB-trac 900 turbo der Landwirtschaftsschule München.

Ausgeliefert wurde die Maschine durch die UGV Henne..

	MB-trac – Baureihe 440 – Typ 700 – BM 440.171 1987-1991	MB-trac – Baureihe 440 – Typ 700 K – BM 440.171 1987-1991
Motor		
Baumuster (BM)	364.908	364.909
Bauart	Daimler-Benz 4-Zyl.-Viertakt-Diesel-Direkteinspritzer, stehend in Reihe, OM 364	
Bohrung x Hub	97,5 x 133 mm	97,5 x 133 mm
Hubraum	3.972 ccm	3.972 ccm
Leistung	68 PS (50 kW) bei 2.400/min	78 PS (57 kW) bei 2.400/min
Drehmoment	235 Nm bei 1.800-1.900/min	263 Nm bei 1.500-1.800/min
Verdichtung	17,25 : 1	17,25 : 1
Gemischbereitung	Bosch -Einspritzpumpe	
Kühlung	Wasser mit Thermostat (15 Liter Kühlwasservorrat)	
Luftfilter	Trockenluftfilter mit Vorzyklon, Sicherheitspatrone, elektr. Wartungsanzeige	
Elektr. Anlage	Drehstromlichtmaschine 770 Watt, 14 Volt 55 A, Batterie 12 V / 120 Ah (2 x 60 Ah)	
Kraftübertragung		
Antrieb	Vorderachsantrieb und Differenzialsperren in beiden Achsen, während der Fahrt ohne Zugkraftunterbrechung pneumatisch zu- und abschaltbar (Allrad)	
Kupplung	Zweischeiben-Trocken	Einscheiben-Trocken
	Fahrscheibe 295 mm	Druckplatte 295 mm
Getriebe	Vollsynchr. DB 6 (7)-Gang-Schaltgetriebe mit integriertem Vorderradantrieb (Allrad), Vorschaltgetriebe mit 3 Gruppen, Typ UG 2/30 - 6/13,42 GA	
Fahrgeschwindigkeit	Normalgänge (km/h)	Normalgänge (km/h)
vorwärts Gruppe I	5,6 9,4 15,3 25,0	4,6 7,8 12,6 20,7
vorwärts Gruppe II	16,6 30,0 40,0	13,7 23,1 40,0
rückwärts	7,2 12,2 19,8 32,6	6,0 10,1 16,3 26,9
Achsübersetzung	i = 7,12	i = 7,12
Fahrwerk		
Rahmen	Leiterrahmen aus gewalztem U-Profil mit Rohrquerträgern, Hilfsladefläche	
Fahrerhaus	Ganzstahl-Sicherheitskabine, dreipunktgelagert, 2sitzig, nach hinten kippbar	
Achsen/Federung v/h	Portalachsen mit Differenzialsperren und Radvorgelegen, vorn: Schubrohr, Schraubenfedern, Teleskopstoßdämpfer, Querlenker hinten: starr mit Rahmen verbunden, Kardanwellen-Antrieb	
Bremsen	Hydraulische Einkreis-Vierrad-Trommelbremse mit Druckluftunterstützung, druckluftbetätigte Federspeicher-Feststellbremse über Seilzüge auf Hinterräder	
Zapfwellen	pneumatisch betätigte, lastschaltbare Motorzapfwelle vorn und hinten bei 599 / 1093/min	
Hydraulik	Zahnradpumpe 40 Liter/min, Arbeitsdruck 180 bar, Ölvorrat 28 Liter	
Kraftheber v/h	Dreipunktgestänge Kat. II mit Pendelausgleich, Hubkraft 2.350/3.900 daN	
Drucklufterzeugung	luftgek. Kompressor, Förderleistung 115 Liter/min bei 8 bar / 2400/min	
Lenkung	hydrostatische Lenkung mit 2 Lenkzylindern und separater Pumpe	
Räder	W 12 x 24	11 x 20
Bereifung	14,9 R 24	12,5 - 20
Allgemeine Daten		
Radstand	2.400 mm	2.400 mm
Spurweite v/h	1.610 mm	1.610 mm
Gesamtmaße	3.940 x 2.000 x 2.780 mm	4.280 x 2.000 x 2.690 mm
Vorbaumaß	1.000 mm	1.030 mm
Bodenfreiheit/Diff.	520 mm	440 mm
Böschungswinkel v	37°	–
Pritsche	–	1.475 x 1.890 x 400 mm
Höchstgeschw.	20-40 km/h	20-40 km/h
kl. Wendekreis	10,6 Meter	10,6 Meter
Leergewicht	3.570-3.595 kg	3.580 kg
zul. Gesamtgewicht	6.000 kg	7.000 kg
zul. Achslast v/h	3.430 kg	3.750 / 4.300 kg
zul. Anh.Last gebr.	16.000 kg	1.500 kg ungebr.
Füllmenge Motor	9 Liter	9 Liter
Kraftstofftank	120 Liter	120 Liter

	MB-trac – Baureihe 440 – Typ 800 – 440.172 1987-1991	MB-trac – Baureihe 440 – Typ 900 turbo – 440.173 1987-1991
Motor		
Baumuster (BM)	364.909	364.951
Bauart	Daimler-Benz 4-Zyl.-Viertakt-Diesel-Direkteinspritzer, stehend in Reihe	
	OM 364	mit Turbolader, OM 364 A
Bohrung x Hub	97,5 x 133 mm	97,5 x 133 mm
Hubraum	3.972 ccm	3.972 ccm
Leistung	78 PS (57 kW) bei 2.400/min	90 PS (66 kW) bei 2.400/min
Drehmoment	263 Nm bei 1.500-1.800/min	313 Nm bei 1.400-1.800/min
Verdichtung	17,25 : 1	17,25 : 1
Gemischbereitung	Bosch -Reiheneinspritzpumpe mit RSV-Regler	
Kühlung	Wasser mit Thermostat (15 Liter Kühlwasservorrat)	
Luftfilter	Trockenluftfilter mit Vorzyklon, Sicherheitspatrone, elektr. Wartungsanzeige	
Elektr. Anlage	Drehstromlichtmaschine 770 Watt, 14 Volt 55 A, Batterie 12 V / 120 Ah (2 x 60 Ah)	
Kraftübertragung		
Antrieb	Vorderachsantrieb und Differenzialsperren in beiden Achsen, während der Fahrt ohne Zugkraftunterbrechung pneumatisch zu- und abschaltbar (Allrad)	
Kupplung	Zweischeiben-Trockenkupplung, selbstnachstellend,	
	Fahrscheibe 295 mm	Fahrscheiben-Durchmesser 330 mm
Getriebe	Vollsynchr. MB 6-Gang-Schaltgetriebe mit integriertem Vorderradantrieb (Allrad), Vorschaltgetriebe mit 3 Gruppen	
	Typ UG 2/30 - 6/13,42 GA	Typ UG 2/30 - 7/11,26 GA
Fahrgeschwindigkeit	Normalgänge (km/h)	Normalgänge (km/h)
vorwärts Gruppe I	2,8 4,8 7,8 12,7	3,6 6,0 9,8 16,1
vorwärts Gruppe II	8,5 14,3 23,1 40,0	8,9 15,0 24,3 40,0
rückwärts	3,7 6,2 10,0 16,5	4,6 7,8 12,7 20,9
Achsübersetzung	i = 14,026	i = 14,026
Fahrwerk		
Rahmen	Leiterrahmen aus gewalztem U-Profil mit Rohrquerträgern, Hilfsladefläche	
Fahrerhaus	Ganzstahl-Sicherheitskabine, dreipunktgelagert, 2sitzig, nach hinten kippbar	
Achsen / Federung v/h	Portalachsen mit Differenzialsperren und Radvorgelegen, vorn: Schubrohr, Schraubenfedern, Teleskopstoßdämpfer, Querlenker, hinten: starr mit Rahmen verbunden, Kardanwellen-Antrieb	
Bremsen	Hydraulische Einkreis-Vierrad-Trommelbremse mit Druckluftunterstützung druckluftbetätigte Federspeicher-Feststellbremse über Seilzüge auf Hinterräder	
Zapfwellen	pneum. betätigte, lastschaltb. Motorzapfwelle vorn und hinten bei 599 / 1093/min	
Hydraulik	Zahnradpumpe 40 Liter/min, Arbeitsdruck 180 bar, Ölvorrat 28 Liter	
Kraftheber v/h	Dreipunktgestänge Kat. II mit Pendelausgleich, Hubkraft 2.350/3.900 daN	
Drucklufterzeugung	luftgek. Kompressor, Förderleistung 115 Liter/min bei 8 bar / 2400/min	
Lenkung	hydrostatische Lenkung mit 2 Lenkzylindern und separater Pumpe	
Räder	W 12 x 24	13,0 x 24
Bereifung	14,9 R 24	16,9 R 24
Allgemeine Daten		
Radstand	2.400 mm	2.400 mm
Spurweite v/h	1.600 mm	1.610 mm
Gesamtmaße	3.940 x 2.140 x 2.810 mm	4.150 x 2.140 x 2.830 mm
Vorbaumaß	1.000 mm	1.000 mm
Bodenfreiheit / Diff.	550 mm	570 mm
Böschungswinkel v		39°
Höchstgeschw.	20-40 km/h	20-40 km/h
kl. Wendekreis	10,6 Meter	10,6 Meter
Leergewicht	3.810-3.950 kg	4.080 kg
zul. Gesamtgewicht	6.500 kg	6.500 kg
zul. Achslast v/h	3.400 kg	3.430 kg
zul. Anh.Last gebr.	1.500 kg ungebr.	16.000 kg
Füllmenge Motor	9 Liter	10 Liter
Kraftstofftank	120 Liter	120 Liter

Empfohlene Lieferausführungen MB-trac 700 / 700 K / 800 / BR 440 3/1987

Ausführung MB-trac 700 Agrar		
Leergewicht		ca. 3.595 kg
tatsächliche Vorderachslast		ca. 2.070 kg
tatsächliche Hinterachslast		ca. 1.525 kg
C57	Drehgriff für Lenkrad	
G06	Getriebe mit 6 V / 4 R	
G11	Vorschaltgetriebe mit Zwischen- und Kriechg.	
G45	Doppelkupplung	
H27	Hydraulikanl. 40 l, Landwirtsch., Regelhydr. 4-zell.	
H30	Heckkraftheber, Kat II	
H36	Fernbetätigung des Heckkrafthebers	
H56	Hydr. Steckeranschluß hinten, 4fach, Ze. 2+3	
H69	Separate Rücklaufleitung, hinten	
H77	Hydr. Steckeranschluß vorn, 4fach, Zelle 3+4	
H89	Separate Rücklaufleitung, vorn	
M19	Anlaßsperre	
M58	Startpilot	
N07	Sonderabtrieb für Motorzapfwelle 540/1.000/min	
N32	Zapfwelle hinten 1 3/8", Keilwellenprofil	
Q14	Anhängekupplung selbsttätig	
Q43	Dreipunktgestänge Kat. II mit Pendelausgleich vorn	
R52	4 Scheibenräder W 12x24 für 14,9-24	
S27	Windschutzscheibe ausstellbar	
S35	Scheibenwaschanlage	
S50	Verbandskasten mit Halter	
Y46	Warndreieck und Warnleuchte	
Y64	Unterbodenschutz	

Ausführung MB-trac 700 G Grünland		
Leergewicht		ca. 3.570 kg
G11	Vorschaltgetriebe mit Zwischen- und Kriechg.	
G45	Doppelkupplung	
G71	Schnellgang 40 km/h (Getriebe 7 V / 4 R)	
H27	Hydraulikanl. 40 l, Landwirtsch., Regelhydr. 4-zell.	
H30	Heckkraftheber, Kat II	
H36	Fernbetätigung des Heckkrafthebers	
H56	Hydr. Steckeranschluß hinten, 4fach, Ze. 2+3	
H69	Separate Rücklaufleitung, hinten	
H77	Hydr. Steckeranschluß vorn, 4fach, Zelle 3+4	
H89	Separate Rücklaufleitung, vorn	
L47	Zusatzscheinwerfer für Frontanbaugeräte	
M19	Anlaßsperre	
M58	Startpilot	
N07	Sonderabtrieb für Motorzapfwelle 540/1.000/min	
N20	Zapfwelle vorn 1 3/8", Keilwellenprofil	
N32	Zapfwelle hinten 1 3/8", Keilwellenprofil	
Q43	Dreipunktgestänge Kat. II mit Pendelausgleich vorn	
R25	4 Scheibenräder 11x20 für 14,5-20 Bereifung	
S27	Windschutzscheibe ausstellbar	
S35	Scheibenwaschanlage	
S50	Verbandskasten mit Halter	
Y64	Unterbodenschutz	

Ausführung MB-trac 700 K Kommunal		
Leergewicht		ca. 3.580 kg
tatsächliche Vorderachslast		ca. 2.040 kg
tatsächliche Hinterachslast		ca. 1.540 kg
B45	Anhängerbremsanlage Ein- und Zweileitung	
D15	Geräteanbauplatte verstärkt	
G11	Vorschaltgetriebe mit Zwischen- und Kriechg.	
G45	Doppelkupplung	
G71	Schnellgang mit 7-Gang-Getriebe	
H16	Hydraulikanlage 40 l, Gewerbe, 2-zellig	
H45	Teleskopzylinder für Kipper	
H51	Steckeranschluß hinten, 4fach	
H69	Separate Rücklaufleitung, hinten	
H71	Steckeranschluß vorn, 4fach	
L47	Zusatzscheinwerfer f. Frontanbaugeräte	
M03	Motorleistung erhöht auf 75 PS (55 kW)	
M58	Startpilot	
N07	Sonderabtrieb für Motorzapfwelle 540/1.000/min	
N20	Zapfwelle vorn 1 3/8", Keilwellenprofil	
P11	Pritsche 1.475 x 1.890 x 400 mm	
Q14	Anhängekupplung selbsttätig	
R24	4 Scheibenräder 11x20 für 12,5-20 Bereifung	
S35	Scheibenwaschanlage	
S50	Verbandskasten mit Halter	
Y46	Warndreieck und Warnleuchte	

Ausführung MB-trac 800 Agrar		
Leergewicht		ca. 3.950 kg
tatsächliche Vorderachslast		ca. 2.240 kg
tatsächliche Hinterachslast		ca. 1.710 kg
D13	Zusatzplatte zur Frontplatte	
G10	Vorschaltgetriebe mit Zwischengängen	
G45	Doppelkupplung	
G71	Schnellgang 40 km/h (Getriebe 7 V / 4 R)	
H27	Hydraulikanl. 40 l, Landwirtsch., Regelhydr. 4-zell.	
H30	Heckkraftheber, Kat II	
H36	Fernbetätigung des Heckkrafthebers	
H56	Hydr. Steckeranschluß hinten, 4fach, Ze. 2+3	
H69	Separate Rücklaufleitung, hinten	
H77	Hydr. Steckeranschluß vorn, 4fach, Zelle 3+4	
H89	Separate Rücklaufleitung, vorn	
M19	Anlaßsperre	
M58	Einbau Startpilot	
N07	Sonderabtrieb für Motorzapfwelle 540/1.000/min	
N20	Zapfwelle vorn 1 3/8", Keilwellenprofil	
N32	Zapfwelle hinten 1 3/8", Keilwellenprofil	
Q14	Anhängekupplung selbsttätig	
Q43	Dreipunktgestänge Kat. II mit Pendelausgleich vorn	
Q47	Schnellkuppler Waltersch. für Unterlenker hinten	
R52	4 Scheibenräder W 12x24 für 14,9-24	
S27	Windschutzscheibe ausstellbar	
S35	Scheibenwaschanlage	
S50	Verbandskasten mit Halter	
Y46	Warndreieck und Warnleuchte	
Y64	Unterbodenschutz	

Empfohlene Lieferausführungen MB-trac 800, 900 turbo, 1000, 1100 3/1987

Ausführung MB-trac 800 Industrie (440.172)		
Leergewicht		**ca. 3.810 kg**
B45	Anhängerbremsanlage Ein- und Zweileitung	
B71	Frostschützer für Druckluftanlage	
C03	Rahmenverstärkung	
C30	Industriestoßstange, vorn Seitenverkleidung	
G30	Drehmomentwandler	
G71	Schnellgang	
L47	Zusatzscheinwerfer f. Frontanbaugeräte	
M19	Anlaßsperre	
M32	Luftpresser zusätzlich	
R59	4 Scheibenräder 13x24 für 17,5LR24 Reifen	
S25	Windschutzscheibe Verbundglas	
S35	Scheibenwaschanlage	
S50	Verbandskasten mit Halter	
Y46	Warndreieck und Warnleuchte	
Y64	Unterbodenschutz	
Ausführung MB-trac 900 turbo Agrar (440.173)		
Leergewicht		**ca. 4.080 kg**
tatsächliche Vorderachslast		**ca. 2.315 kg**
tatsächliche Hinterachslast		**ca. 1.765 kg**
B45	Anhängerbremsanlage Ein- und Zweileitung	
B71	Frostschützer für Druckluftanlage	
G10	Vorschaltgetriebe mit Zwischengängen	
G45	Doppelkupplung	
G71	Schnellgang	
H27	Hydraulikanl. 40 l, Landwirtsch., Regelhydr. 4-zell.	
H30	Heckkraftheber, Kat II	
H56	Hydr. Steckeranschluß hinten, 4fach, Ze. 2+3	
H69	Separate Rücklaufleitung, hinten	
H77	Hydr. Steckeranschluß vorn, 4fach, Zelle 3+4	
H89	Separate Rücklaufleitung, vorn	
M19	Anlaßsperre	
M58	Startpilot	
N07	Sonderabtrieb für Motorzapfwelle 540/1.000/min	
N20	Zapfwelle vorn 1 3/8", Keilwellenprofil	
N32	Zapfwelle hinten 1 3/8", Keilwellenprofil	
Q14	Anhängekupplung selbsttätig	
Q43	Dreipunktgestänge Kat. II	
Q47	Schnellkuppler Waltersch. für Unterlenker hinten	
R59	4 Scheibenräder 13x24 für 16,9R24 Reifen	
S27	Windschutzscheibe ausstellbar	
S35	Scheibenwaschanlage	
S50	Verbandskasten mit Halter	
Y46	Warndreieck und Warnleuchte	
Ausführung MB-trac 1000 / 1100 Agrar (441.162/441.163)		
Leergewicht		**ca. 4.500 kg**
tatsächliche Vorderachslast		**ca. 2.600 kg**
tatsächliche Hinterachslast		**ca. 1.900 kg**
A25	Abdeckbleche gegen Bremsverschmutzung	
B45	Anhängerbremsanlage Ein- und Zweileitung	
B71	Frostschützer für Druckluftanlage	
G10	Vorschaltgetriebe mit Zwischengängen	
G45	Doppelkupplung	
G71	Schnellgang	
H27	Hydraulikanl. 40 l, Landwirtsch., Regelhydr. 4-zell.	
H30	Heckkraftheber, Kat II	
H56	Hydr. Steckeranschluß hinten, 4fach, Ze. 2+3	
H77	Hydr. Steckeranschluß vorn, 4fach, Zelle 3+4	
L45	Rückbeleuchtung für Arbeitsgeräte	
L47	Zusatzscheinwerfer f. Frontanbaugeräte	
M58	Startpilot	
M69	Ansaugkamin verlängert	
N07	Sonderabtrieb für Motorzapfwelle 540/1.000/min	
N20	Frontzapfwelle	
N32	Zapfwelle hinten 1 3/8", Keilwellenprofil	
Q19	Anhängekupplung selbsttätig mit Fernbetätigung	
Q43	Dreipunktgestänge Kat. II mit Pendelausgleich	
Q47	Schnellkuppler Waltersch. für Unterlenker hinten	
S08	Komfortschwingsitz, Sitzschiene, Längsfederung	
S27	Windschutzscheibe ausstellbar	
S28	Heckscheibe ausstellbar	
S35	Scheibenwaschanlage	
S50	Verbandskasten mit Halter	
Y46	Warndreieck und Warnleuchte	

Räder und Reifen MB-trac Typ 700, 800, 900 Stand 12/1986								
Reifengröße	Scheibenrad-bezeichnung	Teile-Nummer	Scheibenrad-Gewicht kg	Einpresstiefe mm	Radeinschlag °	Spurweite Normal	Spurweite Radumschlag	Verstellspuren
MB-trac 700 (440.167)								
9,5 - 32	W 8 x 32	440 401 06 01	52	58	39	1544	1800	
10,5 - 20	9 x 20	406 401 08 01	24	58	39	1544		
12,4 - 28	W 11 x 28	440 401 25 01	47	58	33	1544	1800	
12,4 R 28								
13,6 R 28								
14,5 - 20	11 x 20	406 401 21 01	31	25	36	1610		
14,5 R 20								
14,9 - 24	W 12 x 24	440 401 35 01		27	33	1606	1738	
14,9 / 80 - 24				39	39			
14,9 R 24								
17,5 LR 24	13 x 24	440 401 30 01		25-37	32	1610	1734	
MB-trac 800, 900 (440.168 / 169)								
9,5 - 32	W 8 x 32	440 401 21 01		240	39			1496
				190	39			1596
				140				1696
				90				1796
12,4 - 28	W 11 x 28	440 401 23 01	60	220	33			
12,4 R 28	W 11 x 28	440 401 31 01		240	30			1496
				190	36			1596
				139	39			1698
				89	39			1798
13,6 R 28	W 11 x 28	440 401 23 01		220	26	1536		
	W 11x28	440 401 31 01		240	26			1496
				190	33			1596
				139	36			1698
				89	39			1798
14,5 - 24	11,0 x 24	425 401 04 01		184	33	1608		
14,5 R 24								
14,9 - 24	W 12 x 24	440 401 09 01	45	92	39	1792		
14,9 R 24		440 401 11 01		187	33	1602		
		440 401 33 01		189				1598
				87				1802
	13,0 x 24	440 401 26 01	52	104	39	1768		
	W 13 x 24	440 401 34 01		189	33			1598
14,9 / 80 - 24	11 x 24	440 401 15 01	57	184	33	1608		
		440 401 16 01	58	114	39	1748		
16,9 R 24	13 x 24	440 401 05 01	56	184	30	1608		
		440 401 26 01	52	104	39	1768		
	W 13 x 24	440 401 34 01		189	30			1598
				87	39			1802
16 / 70 - 24	13 x 24	425 401 05 01	56	184	30	1608		
		440 401 26 01	52	104	39	1768		
450 / 70 R 24	13 x 24	425 401 05 01	56	184	34	1608		
17,5 LR 24		440 401 26 01	52	104	39	1768		

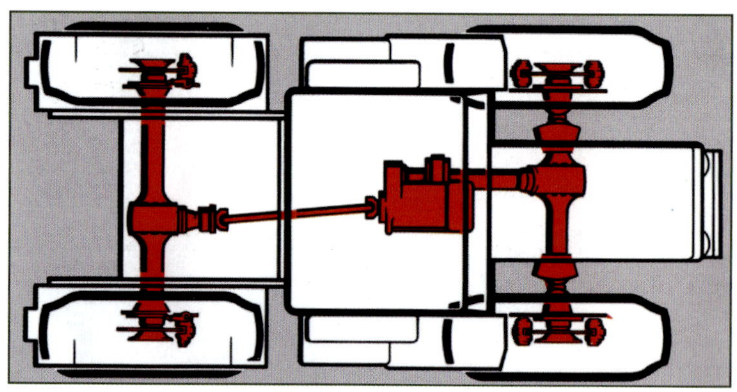

Sichere Kraftübertragung und hohe Bremsleistung über vier gleich große Räder.

Der Kraftstrang des MB-trac ist optimal ausgelegt und garantiert höchste Zugleistungen.

Vorder-/Hinterachsen Übersetzungen / Flanschmaße Stand 12/1986

Baumuster-Verkaufs-Bezeichnung	Achs-Baumuster	Einbau	Hinterachse Achsverkaufs-bezeichnung	Radsatz Tellerrad-Antriebskegelrad		Radsatz Vorgelege		Gesamt-Übersetzung	Flanschmaß "A" mm
				Zähnezahl	Übersetzung	Zähnezahl	Übersetzung		
MB-trac 700	737.002 (Vorderachse)	Serie		24 : 7	3,429	27 : 13	2,077	7,122	
440.167	747.003 (Hinterachse)		HT 2/1 S-3,7						1660
MB-trac 800	737.102/.320 (Vorderachse)	Serie		24 : 7	3,429	45 : 11	4,090	14,026	
440.168	747.105/.320 (Hinterachse)		HT 2/2 S-4,0						1976
MB-trac 900	737.102/.320 (Vorderachse)	Serie		24 : 7	3,429	45 : 11	4,090	14,020	
440.169		SA 35918		22 : 7	3,143			12,857	
	747.131/.330 (Hinterachse)		HT 2/2 S-4,0						1976
MB-trac 1000	737.310 (Vorderachse)	Serie		27 : 7	3,86	43 : 12	3,583	15,23	
441.161		SA 35918		24 : 7	3,428			12,29	
		SA 36234		29 : 7	4,143	45 : 11	4,090	16,948	
	747.301 (Hinterachse)		HT 2/4 S-4,9						2020
MB-trac 1100	737.302 (Vorderachse)	Serie		27 : 7	3,86	Planetengetriebe 3,95		15,23	
443.160		SA 35918		25 : 8	3,125			12,33	
	747.301/.302/.303 (Hinten)		HT 4/1 S-7,0						2323
MB-trac 1300	737.302 (Vorderachse)	Serie		27 : 7	3,86	Planetengetriebe 3,95		15,23	
443.161		SA 35918		25 : 8	3,125			12,33	
	747.301/.302/.303 (Hinten)		HT 4/1 S-7,0						2323
MB-trac 1500	737.302 (Vorderachse)	Serie		27 : 7	3,125	Planetengetriebe 3,95		12,33	
443.162		SA 35918		25 : 8	3,125			12,33	
	747.301/.302/.303 (Hinten)		HT 4/1 S-7,0	25 : 8					2323

MB-trac 1000 Baureihe 441 (1987-1991)
MB-trac 1100 Baureihe 441 (1987-1991)

Die neue Mittlere Baureihe, der MB-trac 1000 (BM 441.162) mit 100 PS (74 kW) und als neuer Typ im MB-trac-Programm, der MB-trac 1100 als »starker Kleiner« (BM 441.163) mit einer Leistung von 110 PS (81 kW), erhielten mit dem neuen Sechszylinder-Saugmotor OM 366 zusätzliche Durchzugskraft. Neben den Neuerungen, wie sie auch in der Leichten Baureihe zu finden waren, war bei der Mittleren Baureihe zusätzlich eine integrierte Klimaanlage lieferbar. Auch besaßen die Typen 1000 und 1100 nun einen zusätzlichen, vor dem Motorkühler angeordneten Getriebe-Ölkühler, wenn Zwischengänge (Vorschaltgetriebe), wie in der Landwirtschaft üblich, im Lieferumfang vorgesehen waren.

Eine letzte Modellpflege machten die verschärften Abgasvorschriften für Nutzfahrzeuge notwendig. Die Direkteinspritzmotoren der Baureihe OM 314/352 wurden weiterentwickelt und ab 1984 konzernweit bei allen Nutzfahrzeugen als OM 364/366 eingeführt. Mit diversen Änderungen verbunden war ihr Einsatz beim MB-trac 1987, der bei der Baureihe 443 zu neuen Verkaufsbezeichnungen und Typen geführt hatte: MB-trac 1300 turbo, MB-trac 1400 turbo und MB-trac 1600 turbo.

Jetzt war der neue Kühlergrill die auffälligste Änderung, denn die neuen MB-trac der Schweren Baureihe besaßen nun einen Kühlergrill, der serienmäßig leicht negativ angestellt war und somit an das Erscheinungsbild der Leichten und Mittleren Baureihe angepasst werden konnte.

Eine weitere Modellpflegemaßnahme war der 3-stufige Aufstieg, der bis dahin nur den MB-trac mit größerer Bereifung vorbehalten war und jetzt zum Standard wurde. Für eine vereinfachte Wartung der Batterie wurde der 3-stufige Aufstieg auf der linken Seite hochklappbar ausgeführt. Auch wurde der Tank rechts der Kontur des Aufstiegs sowie des vorhandenen Einbauraumes angepasst. Nun in Kunststoff ausgeführt, vergrößerte sich das Fassungsvermögen auf 240 Liter des bis dahin verwendeten Stahltanks um 70 Liter.

Der zunehmende Einsatz von Zwillingsrädern und Breitreifen war ein weiterer Grund zur Modellpflege, denn jetzt wurden die vorderen Kotflügel abnehmbar ausgeführt. Auf wenig tragfähigen Böden kamen nun die von Goodyear gelieferten

Niederdruck-Breitreifen (Terrareifen) mit bis zur Abmessung von 66x43.00-25 zum Einsatz, die damit die Fahrzeugbreite auf 3.600 mm erhöhte. Eine Reduzierung der Fahrgeschwindigkeit auf 20 km/h war betriebsbedingt notwendig geworden und machte auch für andere Sonderbereifungen eine Einzelbestätigungen der Konstruktion erforderlich.

Der MB-trac 1000 mit seinem Sechszylinder-Motor und dem längeren Radstand eignete sich hervorragend für den Aufbau einer Rückezange.

Hohe Lasten nimmt der MB-trac 1000 durch Rahmenbauweise einwandfrei auf.

MB-trac 1000. Beide Achsen übertragen gleiche Leistungsanteile, dadurch beste Zugkraftübertragung. Gleichstarke Achsen gewähren gleichmäßigen Bodendruck.

MB-trac 1000, hier als Sondermodell »Sonderklasse«; gebaut in einer Auflage von 125 Exemplaren.

Der MB-trac 1100 war die stärkste Maschine in der Mittleren Klasse.

Dank seiner Vierradbremse kommt der MB-trac 1000 schnell zum Stehen. Auch in kritischen Situationen; bei geringen Pedalkräften.

Der MB-trac 1100 mit Rübenroder der Firma Kleine.

Auch den MB-trac 1100 konnte man in Kommunalausführung »K« bestellen.

MB-trac 1000. Ob im Grünland oder im reinen Ackerbaubetrieb: MB-trac Allradschlepper bieten der Landwirtschaft ein hohes Maß an Sicherheit und konzeptioneller Überlegenheit auch unter erschwerten Einsatzbedingungen.

MB-trac 1000 mit einreihigem Zuckerrüben-Vollernter.

MB-trac 1000 mit Zwillingsbereifung vorn und hinten zur Bodenschonung. Front-Rüttelegge, Packerwalze, Heck-Kreiselegge, Getreidedrille, Kipptank für Saatgutvorrat.

MB-trac 1000, hier mit rotem »intercooler« Schriftzug. Nicht original ab Werk, heute aber häufig zu sehen.

MB-trac 1100 bei einer Vorführung in den Niederlanden.

MB-trac 1000. Zusatznutzen Aufbauraum.

	MB-trac – Baureihe 441 – Typ 1000 – BM 441.162 1987-1991	MB-trac – Baureihe 441 – Typ 1100 – BM 441.163 1987-1991
Motor		
Baumuster (BM)	366.912	366.908
Bauart	DB 6-Zyl.-Viertakt-Diesel-Direkteinspritzer, stehend in Reihe, OM 366	
Bohrung x Hub	97,5 x 133 mm	97,5 x 133 mm
Hubraum	5.958 ccm	5.958 ccm
Leistung	100 PS (74 kW) bei 2.400/min	110 PS (81 kW) bei 2.400/min
Drehmoment	350 Nm bei 1.500-1.800/min	375 Nm bei 1.500-1.800/min
Verdichtung	17,25 : 1	17,25 : 1
Gemischbereitung	Bosch -Reiheneinspritzpumpe mit RSV-Regler	
Kühlung	Wasser mit Thermostat (19 Liter Kühlwasservorrat)	
Luftfilter	Trockenluftfilter mit Vorzyklon, Sicherheitspatrone, elektr. Wartungsanzeige	
Elektr. Anlage	Drehstromlichtmaschine 770 Watt, 14 Volt 55 A, Batterie 12 V / 120 Ah (2 x 60 Ah)	
Kraftübertragung		
Antrieb	Vorderachsantrieb und Differenzialsperren in beiden Achsen, während der Fahrt ohne Zugkraftunterbrechung pneumatisch zu- und abschaltbar (Allrad)	
Kupplung	Zweischeiben-Trockenkupplung, selbstnachstellend, hydr. für Fahrbetrieb, pneum. für Zapfwelle Fahrscheiben-Durchmesser 330 mm, Zapfwellenscheiben-Durchmesser 310 mm	
Getriebe	Vollsynchr. MB 6-Gang-Schaltgetriebe mit integriertem Vorderradantrieb (Allrad), Vorschaltgetriebe mit 3 Gruppen	
	Typ UG 2/30 - 7/11,19 GA	Typ UG 2/30 - 7/11,19 GA
Fahrgeschwindigkeit	Normalgänge (km/h)	Normalgänge (km/h)
vorwärts Gruppe I	3,5 5,9 9,6 15,8	3,5 5,9 9,6 15,8
vorwärts Gruppe II	8,7 14,7 23,9 40,0	8,7 14,7 23,9 40,0
rückwärts	4,6 7,7 12,5 20,5	4,6 7,7 12,5 20,5
Achsübersetzung	i = 14,845	i = 14,845
Fahrwerk		
Rahmen	Leiterrahmen aus gewalztem U-Profil mit Rohrquerträgern, Hilfsladefläche	
Fahrerhaus	Ganzstahl-Sicherheitskabine, dreipunktgelagert, 2sitzig, nach hinten kippbar	
Achsen / Federung v/h	Portalachsen mit Differenzialsperren und Radvorgelegen, vorn: Schubrohr, Schraubenfedern, Teleskopstoßdämpfer, Querlenker, hinten: starr mit Rahmen verbunden, Kardanwellen-Antrieb	
Bremsen	Hydr. Einkreis-Vierrad-Scheibenbremsen mit Druckluftunterstützung druckluftbetätigte Federspeicher-Feststellbremse auf die Hinterräder wirkend	
Zapfwellen	pneum. betätigte, lastschaltb. Motorzapfwelle vorn und hinten bei 599 / 1093/min	
Hydraulik	Zahnradpumpe 40 Liter/min, Arbeitsdruck 180 bar, Ölvorrat 28 Liter	
Kraftheber v/h	Dreipunktgestänge Kat. II mit Pendelausgleich, Hubkraft 2.500 / 4.700 daN	
Drucklufterzeugung	luftgekühlter Kompressor, Förderleistung 115 Liter/min bei 8 bar / 2400/min	
Lenkung	hydrostatische Lenkung mit 2 Lenkzylindern und separater Pumpe	
Räder	DW 14,0 x 26	
Bereifung	16,9 R 26 / 16,9 R 28	
Allgemeine Daten		
Radstand	2.600 mm	2.600 mm
Spurweite v/h	1.650 mm	1.650 mm
Gesamtmaße	4.450 x 2.160 x 2.870 mm	4.450 x 2.160 x 2.870 mm
Vorbaumaß	1.165 mm	1.165 mm
Bodenfreiheit / Diff.	550 mm	550 mm
Böschungswinkel vorn	40°	40°
Höchstgeschw.	20-40 km/h	20-40 km/h
kl. Wendekreis	11,2 Meter	11,2 Meter
Leergewicht	4.500 kg	4.500 kg
zul. Gesamtgewicht	7.000 kg	7.000 kg
zul. Achslast v/h	3.660 kg	3.660 kg
zul. Anh.Last gebr.	16.000 kg	16.000 kg
Füllmenge Motor	15 Liter	15 Liter
Kraftstofftank	135 Liter	135 Liter

Räder und Reifen MB-trac Typ 1000 (441.161) Stand 12/1986								
Reifengröße	Scheibenrad-bezeichnung	Teile-Nummer	Scheibenrad-Gewicht kg	Einpresstiefe mm	Radeinschlag °	Spurweite		Verstellspuren
						Normal	Radumschlag	
9,5 - 36	W 8 x 36	441 401 03 01		269			240	1482
				219	36			1582
				117	39			1786
14,5 - 24	11,0 x 24	425 401 04 01		184	39	1652		
14,5 R 24								
14,9 R 28	W 11 x 28	440 401 23 01	60	220	33	1580		
		440 401 31 01		240	30			1540
				190				1640
				139				1742
				89				1842
16 / 70 - 24	13 x 24	425 401 05 01		184	39	1650		
16,9 R 24	13,0 x 24	425 401 05 01	56	184	36	1652		
		440 401 26 01	52	104	39	1812		
	W 13,0 x 24	440 401 34 01		189	36			1642
				87				1846
17,5 LR 24	13 x 24	425 401 05 01	56	184	36	1652	1734	
		440 401 26 01	52	104	39	1892		
19,5 LR 24	W 16L x 24	441 401 12 01		140	34	1740		
16,9 R 26	DW 14L x 26	441 401 00 01		185	34	1650		
		441 401 05 01		110	34	1800		
		441 401 07 01		150	34	1720		
		441 401 11 01	61	181	34			1658
				109	36			1802
				9	39			2002
500 / 60 - 26,5	16,00 x 26,5	441 401 04 01		125		1770		

MB-trac mit Einzelkorn-Sähgerät und mit Bandspritze.

MB-trac 1300 turbo Baureihe 443 (1987-1991)
MB-trac 1400 turbo Baureihe 443 (1987-1991)
MB-trac 1600 turbo Baureihe 443 (1987-1991)
MB-trac 1800 Intercooler Baureihe 443 (1990-1991)

Die Schwere Baureihe bestand nun aus dem MB-trac 1300 turbo (BM 443.163) mit 125 PS (92 kW), sowie aus den beiden neuen Typen, dem MB-trac 1400 turbo (BM 443164) mit 136 PS (100 kW) und dem MB-trac 1600 turbo als »starker Großer« (BM 443.166), der mit einer Leistung von 156 PS (115 kW) die neue Baureihe nach oben abrundete. Als Kraftquelle diente der neu

MB-trac 1300 turbo.

MB-trac 1400 turbo.

MB-trac 1600 turbo.

MB-trac 1600 turbo. Beste Bodenschonung durch gleich große Zwillingsbereifung an allen vier Rädern.

entwickelte, turboaufgeladene Mercedes-Benz-Motor OM 366 A mit völlig neuem Luftansaugsystem mit Schwingrohr und der davon getrennte Ventildeckel zur Service-Erleichterung. Auch waren alle aufgeladenen Motoren mit trockenen Zylinderlaufbuchsen und mit der neuen Einspritzpumpe Typ MW mit steifem Gehäuse und größeren Einspritzelementen ausgestattet.

In der Auslegung der Motorhaube der kleinen und Mittleren Baureihe angepasst (Ausbuchtung nach oben in der Motorhaube für den darunter angeordneten Kühlwassereinfüllstutzen), erhielt die Schwere Baureihe weitere Modifikationen und Styling-Retuschen. Auffallend war das neue nach vorn geneigte Kühlerschutzgitter mit verlängerter seitlicher Motorabdeckung, das die bislang bekannte Kühlerschutzmaske ersetzte. Durch die mäanderförmige Gestaltung des verwendeten Lochbleches konnte die Oberfläche wesentlich vergrößert werden und gab dem neuen Kühlergrill ein wesentlich feineres Aussehen. Die Dachluke im Fahrerhaus der Schweren Baureihe wurde um 225 mm weiter nach hinten gesetzt.

Das Auspuffrohr wurde wie bei den kleinen Typen am oberen Ende nach hinten abgebogen, das Ansaugrohr verfügte jetzt serienmäßig über einen Zyklon-Vorabscheider. Die Aufstiege waren nun grundsätzlich 3-stufig. Der linke Aufstieg war hochklappbar und machte dadurch den Zugang für Wartungs- und Pflegearbeiten für Batterie und Bremsarmaturen frei. Damit wurde die Fahrertür automatisch gesperrt, und bei geöffneter Klappe konnte niemand mehr die Fahrertür öffnen und herunterfallen. Unter dem rechten Aufstieg fand jetzt der auf 240 Liter vergrößerte Kraftstofftank seinen formangepassten Platz. Auch war im Rahmen neben dem linken Aufstieg der Ölkühler für den Drehmomentwandler untergebracht. Praxisgerecht waren die abnehmbaren, vorderen Kotflügel für Zwillingsbereifung und Breitreifen. Für die Mittlere Baureihe wurde optional eine elektronische Hubwerksregelung (EHR) angeboten. Bei der Schweren Baureihe war die EHR ab 1987 serienmäßiger Standard.

1987 wurde das Bedienpult im Zuge weiterer Modernisierungen kompakter ausgeführt und 1990 als 5. Regelungsart zur Zylinderdruckregelung »TerraControl« weiterentwickelt. In bereits bestehende Anlagen war der erforderliche Drucksensor auch nachträglich einbaubar.

Mit der neuen MB-trac-Reihe von nunmehr 8 Typen im Leistungsbereich von 68 bis 156 PS stellte sich 1987 eine neue MB-trac-Generation vor. Das mittlerweile weltweit bewährte, anerkannt zukunftsträchtige Mercedes-Benz Allrad-Traktoren-Konzept präsentiert sich jetzt in drei Gruppen:

Gruppe 1	MB-trac 700, 68 PS, 4-Zylinder-Motoren
	MB-trac 800, 78 PS, 4-Zylinder-Motoren
	MB-trac 900 turbo, 90 PS, 4-Zylinder-Motoren
Gruppe 2	MB-trac 1000, 100 PS, 6-Zylinder-Motoren
	MB-trac 1100, 110 PS, 6-Zylinder-Motoren
Gruppe 3	Zweirichtungsschlepper
	MB-trac 1300 turbo, 125 PS, 6-Zylinder-Motoren
	MB-trac 1400 turbo, 136 PS, 6-Zylinder-Motoren
	MB-trac 1600 turbo, 156 PS, 6-Zylinder-Motoren

Die Summe der Hauptmerkmale des kompromisslosen Allradantriebes: Hauptgewicht vorn, gleichgroße Räder, keine Voreilung an der Vorderachse, Vorderachsantrieb ohne Rutschkupplung, schaltbare Differenzialsperren mit 100% Sperrwirkung in beiden Achsen, sowie die wichtigen Voraussetzungen für den Betrieb von Gerätekombinationen zu kompletten Arbeitsverfahren: Front- und Heckkraftheber, Front- und Heckzapfwellen, 3. Anbauraum, hohe Nutzlast, wurden konsequent beibehalten und weiter ausgebaut. Allen neuen MB-trac gemeinsam war die Verbindung aus nüchterner funktioneller Zweckbestimmung, hoher technischer Qualität, sinnvoller und wirtschaftlicher Vielseitigkeit, ergonomischem und freundlichen Betriebsklima am Arbeitsplatz Kabine, gepaart mit einem attraktiven Äußeren.

Die MB-tracs waren Allradschlepper mit Ideen und Dynamik, wie sie der Landwirt zu jener Zeit brauchte. Premiere hatten

MB-trac 1300 turbo, Vorserienmaschine: Mit der Bereifung wurde auf die Bodenschonung bei der Saatbettbereitung geachtet.

MB-trac 1300 turbo beim Maishäckseln in Schubfahrt.

der MB-trac 1100 als »Starker Kleiner« und die MB-trac1400 turbo und 1600 turbo als »Starke Große«. Das Wendegetriebe mit den engen Getriebeabstufungen bei bis zu 24 Gängen (incl. Kriechgang) bot optimale Anpassung an vielfältige Arbeitsbedingungen und damit höchste Arbeitsleistungen und Arbeitsqualität.

Geschlossen einheitlich präsentierte sich das äußere Erscheinungsbild der neuen MB-trac-Reihe. Gab es beim MB-trac 700-1100 lediglich eine Ausbuchtung in der Motorhaube nach oben, unter der sich der Kühlwassereinfüllstutzen befand, so hatten sich die »großen« MB-trac 1300 turbo, 1400 turbo und 1600 turbo in der Motorhaube den »kleinen« angepasst. Das Kühlerschutzgitter war negativ angestellt und feiner – das mäanderförmige Lochblech vergrößerte die Oberfläche wesentlich und verhinderte weitgehend die Verschmutzung des Kühlers. Speziell bei Häcksel-, Frontmäh- oder Mulcharbeiten entfiel die bekannte Kühlerschutzmaske. Das Auspuffrohr war wie bei MB-trac 700-1100 ebenfalls nach hinten abgebogen. Der Aufstieg war bei allen großen MB-trac jetzt generell dreistufig für einen sicheren Ein- und Ausstieg. Der linke Aufstieg konnte total aufgeklappt werden, um Batterie- und Bremsanlage bequem zu warten. Unter dem rechten Ausstieg verbarg sich der neue 240-Liter-fassende Tank aus schwer entflammbarem Kunststoff. In allen MB-trac arbeiteten die neuen Motoren der Baureihe OM 364 und OM 366. Ihre Kurzcharakteristik: starke Motoren mit mehr Leistung, einheitliche Nenndrehzahl für alle Motoren 2.400 pro Minute, hohe Drehmomentanstiege, das max. Drehmoment »stand« und war über einen größeren Drehzahlbereich voll verfügbar, enger P-Grad für schnelle Reaktion bei Spitzenbelastungen, zusätzliche Durchzugskraft und Drehzahlsteifigkeit bei Zug- und Zapfwellenarbeit, mehr Leistung bei weniger Kraftstoffverbrauch, hohe Schlagkraft half Kosten senken.

Das neue Luftansaugsystem mit Schwingrohr – das weiterentwickelte Daimler-Benz Direkteinspritzverfahren – der enge P-Grad des RSV-Reglers sowie der von der Ansaugung getrennte Ventildeckel – trockene Zylinderlaufbüchsen waren nur einige der vielen Details dieser modernen Motoren, die hohe Leistungskonstanz, hohe Zuverlässigkeit und Lebensdauer sowie Servicefreundlichkeit garantierten.

Unimog und MB-trac machten die Frontzapfwelle »hoffähig«. Die unabhängigen Motorzapfwellen hinten und vorn – zum gemeinsamen oder getrennten Antrieb von Geräten – waren serienmäßig vorne und hinten mit Drehzahlen 540 und 1000 umschaltbar und voll belastbar. Alle gängigen Profile waren zur Geräteadaption lieferbar. Die MB-trac1300 turbo, 1400 turbo und 1600 turbo verfügten serienmäßig über Schnellwechselstummel an der Heckzapfwelle.

Alle MB-trac hatten serienmäßig mechanische Regelkrafthe-

Wartungsfreundlicher und sicherer, aufklappbarer Aufstieg mit automatischer Fixierung.

beranlagen (Konstantstromprinzip). Die EHR (elektronischer Regelkraftheber) mit hoher Regelgüte war als Sonderausrüstung für die MB-trac 1300 turbo, 1400 turbo und 1600 turbo lieferbar (Lageregelung über Lagesensor, Zugwiderstandsregelung über Kraftmessbolzen, stufenlose Mischregelung, serienmäßiger Außenanschluss für Impulseingabe von Geräten, Hubbegrenzer, Fernbedienung sowie Schnellaushub und Schnelleinzug). Der neue Frontkraftheber für MB-trac 1300 turbo, 1400 turbo und 1600 turbo war seitenstabil für eine direkte und exakte Geräteführung. Die Unterlenker waren mit Pendelausgleich versehen und konnten leicht abgenommen werden.

Bei MB-trac 1300 turbo bis 1600 turbo mit EHR waren 4 Zusatzsteuerventile möglich. Die hohe Pumpenleistung sorgte für schnelle Arbeitstakte und hohe Hubkräfte zur Beherrschung schwerster Gerätekombinationen.

Die Räder der großen MB-trac 1300 turbo bis 1600 turbo drehten sich an den bekannten Außenplanetenachsen. Alle MB-trac-Modelle waren bekannt für ihre echte Vierradbremse. Das hieß je eine Bremstrommel oder Bremsscheibe für jedes Rad. Die Bremssysteme waren hydraulisch betätigt, bei der großen MB-trac-Reihe über Druckluft betätigt. Die Federspeicherfeststellbremse sorgte für Sicherheit bei leichter Bedienbarkeit. Die Bremsanlage war preiswert zu einer kombinierten Ein- und Zweileiteranhängerbremsanlage auszubauen.

Zusätzlich zum bodenschonenden Effekt des MB-trac-Konzepts wurde die Reifenpalette um viele Spezialbereifungen erweitert. Die großen MB-trac hatten serienmäßig abschraubbare Kotflügel vorne, damit Zwillings- oder Breitreifen freigingen. Die Blink- und Positionslampen blieben dabei fest am Schlepper.

Die gesamte MB-trac-Baureihe war mit Komfort-Sicherheitskabinen ausgestattet. Wirkungsvolle Heizungs- und Lüftungsanlagen gehörten zum Kabinenstandard. Zusatzbelüftungen mit großflächigen Ansaugfiltern im Dachbereich waren lieferbar. Die serienmäßig in vielen Positionen aufstellbare Dachluke ergab eine weitere Lüftungsmöglichkeit. Bei den MB-trac 1300 turbo bis 1600 turbo wurde die Luftdurchsatzmenge der Lüftungs- und Klimaanlage um 30% auf 900 m^3/h erhöht. Damit war für jeden sein individuelles behagliches Arbeitsklima einstellbar.

Der neue Traktometer war ein Kombiinstrument in Durchlichttechnik mit digitaler Geschwindigkeitsanzeige, d.h. Kontrolle auf einen Blick. Zusätzlich war ein Anschluss für ein wegeabhängiges Messsignal vorhanden (z.B. für Dosierung – Spritzen – Düngerstreuer etc.).

1987 war auch das Jahr einer maßgeblichen Entscheidung. KHD (Klöckner-Humboldt-Deutz) und Daimler-Benz entschlossen sich im April 1987 künftig gemeinsame Wege zu gehen und vereinbarten eine Zusammenlegung ihrer Trac-Technikentwicklungs- und Vertriebsbereiche. Unter dem Dach der Trac-Technik-Entwicklungsgesellschaft (TTE) in Köln und der Trac-Technik-Vertriebsgesellschaft (TTVG) in Gaggenau, an der Deutz jeweils zu 60 Prozent und Daimler-Benz zu 40 Prozent beteiligt waren, entstand ein gemeinsamer Vertrieb der IN-trac und MB trac-Modelle sowie die Neukonzeption und –Entwicklung einer Trac-Generation im Leistungsbereich von 70 bis 200 PS. Doch diese Verbindung stand unter keinem guten »Stern«. Die Lage auf dem Ackerschleppermarkt war nicht zufriedenstellend, zumal sich besonders im landwirtschaftlichen Bereich eine deutliche Umstrukturierung abzuzeichnen begann.

Die Nachfrage nach leistungsstärkeren Tracs und Unimog wurde Ende der 1980er Jahre immer lauter und wurde nach der unerwarteten Öffnung des Ostens 1990 noch weiter verstärkt. In Gaggenau bei der Daimler-Benz AG wurde der Unimog, auch wegen der Entscheidung, das Trac-Geschäft in Zukunft KHD überlassen zu wollen, weiterentwickelt und stellte 1989 mit dem U 2100 den bis dahin stärksten Unimog mit 214 PS vor, dem aber bald der U 2400 folgte.

Auch der Trac-Technik Vertrieb forderte nun einen stärkeren

Der MB-trac 1800 intercooler stellte auf der Nordagrar so manchen Großtraktor in den Schatten. Mit ihm begann der Vorstoß der Mercedes-Maschine in neue Leistungsdimensionen.

MB-trac. Der Zugriff auf erprobte Motoren und Getriebe brachte die Antwort. Kurzfristig im Juni 1990 präsentierte sich auf der erstmals durchgeführten »Nordagrar« in Hannover noch ein neues MB-trac Modell, das die Schwere Baureihe nach oben abrunden sollte: Der MB-trac 1800 Intercooler, der es dank Ladeluftkühlung und Turbolader auf eine Motorleistung von 180 PS (132 kW) brachte. Zum optischen Erkennungsmerkmal avancierte dabei die charakteristische Auswölbung der Motorhaube vorn, die wegen des größeren Platzbedarfs der Luftzuführung zur Ladeluftkühlung und zum Turbolader des Intercooler notwendig geworden war. Die Auswölbung im vorderen Motorhaubenbereich und der »intercooler«-Schriftzug waren äußerlich die einzigen Unterschiede des Spitzenmodells der MB-trac-Ära gegenüber dem MB-trac 1600 turbo.

Neu war ein Ölkühler für das Zapfwellengetriebe, der durch die höhere Motorleistung benötigt worden war. Nun war beim Intercooler die elektronische Hubwerksregelung serienmäßiger Standard, die als weitere Funktion die Zylinderdruckregelung, mit der das Gewicht von Anbaugeräten stufenlos auf den MB-trac übertragen werden konnte und dadurch den Boden weniger verdichtete, erhielt. Die weiter entwickelte EHR bewirkte darüber hinaus eine Verbesserung des Saatbeetes beim Einsatz von Bestellkombinationen und damit einen besseren Pflanzenwuchs. Das geringe Leistungsgewicht des Intercoolers von nur 35 kg/PS trug zudem auch zur Bodenschonung bei. Gebaut wurden ca. 190 Stück, die aber auch im Handumdrehen verkauft waren.

In der Gunst der Käufer hatte es der IN-trac nach wie vor sehr schwer und die Verkaufszahlen des MB-trac sanken. Weitere Probleme traten auf und schließlich mussten die Verantwortlichen schweren Herzens die Vision eines neuen Systemschleppers aufgeben und beschlossen gleichzeitig die Einstellung der MB-trac- und IN-trac-Fertigung. Nicht mangelnde Akzeptanz durch die Landwirtschaft, sondern nüchterne Kalkulationen eines Großkonzerns entschieden das Ende eines betriebswirtschaftlich unrentablen Produktes. Doch das bevorstehende Produktionsende löste nochmals, entgegen dem allgemeinen restriktiven Kaufverhalten im Landmaschinensektor, einen regelrechten Boom auf die letztgebauten MB-trac aus. Allein im Jahre 1991 konnten nochmals 1.935 Fahrzeuge verkauft werden, von denen die letzten 1992 zur Auslieferung kamen.

Aus dem kieselgrau-roten Sonderling von 1973 entstand im Laufe der Zeit eine stattliche Trac-Familie mit drei Baureihen und einem Leistungsspektrum von 68 bis 180 PS. Nach einer Produktionszeit von nahezu 20 Jahren und weltweit 41.365 verkauften MB-trac blieben am 17. Dezember 1991 die Montagebänder für den MB-trac im Werk Gaggenau für immer stehen. Die Bänder für den Unimog liefen jedoch nach wie vor weiter.

So sah der Zusammenschluss aus: MB-trac und In-trac präsentierten sich gemeinsam für Werbe- und Pressefotos.

	MB-trac – Baureihe 443 – Typ 1300 turbo – BM 443.163 1987-1991	MB-trac – Baureihe 443 – Typ 1400 turbo – BM 443.164 1987-1991
Motor		
Baumuster (BM)	366.977	366.958
Bauart	Daimler-Benz 6-Zyl.-Viertakt-Diesel-Direkteinspritzer mit Abgasturbolader, stehend in Reihe, Typ OM 366 A	
Bohrung x Hub	97,5 x 133 mm	97,5 x 133 mm
Hubraum	5.958 ccm	5.958 ccm
Leistung	125 PS (92 kW) 2.400/min	136 PS (100 kW) 2.400/min
Drehmoment	425 Nm / 1.600-1.800/min	470 Nm / 1.600-1.800/min
Verdichtung	16,5 : 1	16,5 : 1
Gemischbereitung	Bosch -Reiheneinspritzpumpe mit RSV-Regler	
Kühlung	Wasser mit Thermostat (22 Liter Kühlwasservorrat)	
Luftfilter	Trockenluftfilter mit Sicherheitspatrone	
Elektr. Anlage	Drehstromlichtmaschine 770 Watt, 14 Volt 55 A, Batterie 12 V / 120 Ah (2 x 60 Ah)	
Kraftübertragung		
Antrieb	Vorderachsantrieb und Differenzialsperren in beiden Achsen, während der Fahrt ohne Zugkraftunterbrechung pneumatisch zu- und abschaltbar (Allrad)	
Kupplung	Zweischeiben-Trockenkupplung, selbstnachstellend, hydr. für Fahrbetrieb, pneumatisch für Zapfwelle Fahrscheiben-Durchmesser 350 mm, Zapfwellenscheiben-Durchmesser 330 mm	
Getriebe	Vollsynchr. 6 (7)-Gang-Schaltgetriebe mit integriertem Vorderradantrieb (Allrad), Nachschaltgetriebe, alle Gänge auch rückwärts fahrbar, Typ UG 3/40 - 6/9,35, GPA	
Normalgang (Serie)	6,1 8,4 11,5 15,7 22,0 30,0 40,0 km/h	
Normalgang (A13)	4,9 6,8 9,3 12,7 17,8 25,0 33,8 40,0km/h	
Nachschaltgetr.(A13)	1,5 2,1 2,9 4,0 5,6 7,8 10,6 14,5 km/h	
Nachschaltgetr.(G20)	1,9 2,6 3,6 4,9 6,9 9,6 13,1 km/h	
Achsübersetzung	Serie: i = 12,334 / A 13: i = 15,226	
Fahrwerk		
Rahmen	Leiterrahmen aus gewalztem U-Profil mit Rohrquerträgern	
Fahrerhaus	Ganzstahl-Sicherheitskabine, vierpunktgelagert, 2sitzig, seitlich kippbar	
Achsen/Federung	Außenplanetenachsen mit Differenzialsperren, baugleich vorn und hinten	
vorn	mit Schubrohr, Schraubenfedern, Teleskopstoßdämpfer, Querlenker	
hinten	starr mit Rahmen verbunden, Kardanwellen-Antrieb	
Bremsen	Hydr. Zweikreis-Vierrad-Trommelbremse mit zweikreisiger pneumatischer Übertragung druckluftbetätigte Federspeicher-Feststellbremse auf die Hinterräder wirkend	
Zapfwellen	pneumatisch betätigte, lastschaltbare Motorzapfwelle vorn und hinten bei 623 / 1095/min	
Hydraulik	Zahnradpumpe 55/57 Liter/min, Arbeitsdruck 200 bar, Ölvorrat 53 Liter	
Kraftheber v/h	Hubkraft 3.000 / 6.500/7.000 daN, Dreipunktgestänge Kat. III mit Pendelausgleich	
Drucklufterzeugung	luftgekühlter Kompressor, Förderleistung 128 Liter/min bei 7 bar / 2400/min	
Lenkung	hydrostatische Lenkung mit 2 Lenkzylindern und separater Pumpe	
Räder	W 15 L x 30	W 15 L x 30
Bereifung	18,4 R 34	18,4 R 34
Allgemeine Daten		
Radstand	2.650 mm	2.650 mm
Spurweite v/h	1.870 mm	1.870 mm
Gesamtmaße	4.425 x 2.500 x 2.930 mm	4.680 x 2.500 x 2.930 mm
Vorbaumaß	1.190 mm	1.190 mm
Bodenfreiheit/Diff.	580 mm	580 mm
Böschungswinkel vorn	41°	41°
Höchstgeschw.	40 km/h	40 km/h
kl. Wendekreis	13,0 Meter	13,0 Meter
Leergewicht	5.980 kg	5.980 kg
zul. Gesamtgewicht	10.000 kg	10.000 kg
zul. Achslast v/h	5.250 / 7000 kg	5.250 / 7000 kg
zul. Anh.Last gebr.	16.000 kg	16.000 kg
Füllmenge Motor	15 Liter	15 Liter
Kraftstofftank	240 Liter	240 Liter

	MB-trac – Baureihe 443 – Typ 1600 turbo BM 443.166 1987-1991	MB-trac – Baureihe 443 – Typ 1800 Intercooler BM 443.166 1990-1991
Motor		
Baumuster (BM)	366.954	366.954
Bauart	Daimler-Benz 6-Zyl.-Viertakt-Diesel-Direkteinspritzer mit Abgasturbolader stehend in Reihe,	
	Typ OM 366 A	und Ladeluftkühler, Typ OM 366 LA
Bohrung x Hub	97,5 x 133 mm	97,5 x 133 mm
Hubraum	5.958 ccm	5.958 ccm
Leistung	156 PS (115 kW) 2.400/min	180 PS (132 kW) 2.400/min
Drehmoment	530 Nm / 1.600-1.800/min	645 Nm / 1.300-1.700/min
Verdichtung	16,5 : 1	16,5 : 1
Gemischbereitung	Bosch -Reiheneinspritzpumpe mit RSV-Regler	
Kühlung	Wasser mit Thermostat (22 Liter Kühlwasservorrat)	
Luftfilter	Trockenluftfilter mit Sicherheitspatrone	
Elektr. Anlage	Drehstromlichtmaschine 770 Watt, 14 Volt 55 A, Batterie 12 V / 120 Ah (2 x 60 Ah)	
Kraftübertragung		
Antrieb	Vorderachsantrieb und Differenzialsperren in beiden Achsen, während der Fahrt ohne Zugkraftunterbrechung pneumatisch zu- und abschaltbar (Allrad)	
Kupplung	Zweischeiben-Trockenkupplung, selbstnachstellend, hydr. für Fahrbetrieb, pneumatisch für Zapfwelle Fahrscheiben-Durchmesser 350 mm, Zapfwellenscheiben-Durchmesser 330 mm	
Getriebe	Vollsynchronisiertes 6-Gang-Schaltgetriebe mit integr. Vorderradantrieb (Allrad), Nachschaltgetriebe, alle Gänge auch rückwärts fahrbar	
	Typ UG 3/40 - 6/9,35 GPA	Typ UG 3/65-6/9,35 GPA
Normalgang (Serie)	6,1 8,4 11,5 15,7 22,0 30,0 40,0 km/h	
Normalgang (A13)	4,9 6,8 9,3 12,7 17,8 25,0 33,8 40,0km/h	
Nachschaltgetr.(A13)	1,5 2,1 2,9 4,0 5,6 7,8 10,6 14,5 km/h	
Nachschaltgetr.(G20)	1,9 2,6 3,6 4,9 6,9 9,6 13,1 km/h	
Achsübersetzung	Serie: i = 12,334 / A 13: i = 15,226	
Fahrwerk		
Rahmen	Leiterrahmen aus gewalztem U-Profil mit Rohrquerträgern	
Fahrerhaus	Ganzstahl-Sicherheitskabine, vierpunktgelagert, 2sitzig, seitlich kippbar	
Achsen/Federung	Außenplanetenachsen mit Differenzialsperren, baugleich vorn und hinten	
vorn	mit Schubrohr, Schraubenfedern, Teleskopstoßdämpfer, Querlenker	
hinten	starr mit Rahmen verbunden, Kardanwellen-Antrieb	
Bremsen	Hydraulische Zweikreis-Vierrad-Trommelbremse mit zweikreisiger pneumatischer Übertragung druckluftbetätigte Federspeicher-Feststellbremse auf die Hinterräder wirkend	
Zapfwellen	pneumatisch betätigte, lastschaltbare Motorzapfwelle vorn und hinten bei 623 / 1095/min	
Hydraulik	Zahnradpumpe 55/57 Liter/min, Arbeitsdruck 200 bar, Ölvorrat 53 Liter	
Kraftheber v/h	Hubkraft 3.000 / 6.500/7.000 daN, Dreipunktgestänge Kat. III mit Pendelausgleich	
Drucklufterzeugung	luftgekühlter Kompressor, Förderleistung 128 Liter/min bei 7 bar / 2400/min	
Lenkung	hydrostatische Lenkung mit 2 Lenkzylindern und separater Pumpe	
Räder	W 15 L x 30	W 15 L x 30
Bereifung	18,4 R 30	18,4 R 30
Allgemeine Daten		
Radstand	2.650 mm	2.650 mm
Spurweite v/h	1.870 mm	1.870 mm
Gesamtmaße	4.680 x 2.500 x 2.930 mm	4.680 x 2.500 x 2.930 mm
Vorbaumaß	1.190 mm	1.190 mm
Bodenfreiheit/Diff.	580 mm	580 mm
Böschungswinkel vorn	41°	41°
Höchstgeschw.	40 km/h	40 km/h
kl. Wendekreis	13,0 Meter	13,0 Meter
Leergewicht	6.320 kg	6.350 kg
zul. Gesamtgewicht	10.000 kg	10.000 kg
zul. Achslast v/h	5.250 / 7000 kg	5.250 / 7000 kg
zul. Anh.Last gebr.	16.000 kg	16.000 kg
Füllmenge Motor	15 Liter	15 Liter
Kraftstofftank	240 Liter	240 Liter

Empfohlene Lieferausführungen MB-trac 1300/1400/1600 turbo BR 443 3/1987

Ausführung Agrar MB-trac	1300/1400	1600
Leergewicht	ca. 5.980 kg	6.320 kg
tatsächliche Vorderachslast	ca. 3.290 kg	3.420 kg
tatsächliche Hinterachslast	ca. 2.690 kg	2.900 kg

		H89	Separate Rücklaufleitung, vorn
		L45	Rückleuchte für Arbeitsgeräte
		L47	Zusatzscheinwerfer f. Frontanbaugeräte
		M19	Anlaßsperre
		M58	Einbau Startpilot
A11	Achsübersetzung schnell	M66	Ansaugkamin mit Zyklonfilter
B04	Bremsanlage einkreisig verstärkt	N07	Sonderabtrieb für Motorzapfwelle 540/1000/min
B71	Frostschützer für Druckluftanlage	N20	Zapfwelle vorn 1 3/8" Keilwellenprofil
C57	Drehgriff für Lenkrad	N37	Zapfwelle hinten 1 3/4", Keilwellenprofil
G20	Nachschaltgetriebe mit Arbeitsgruppe	Q50	Dreipunktgestänge Kat. II
G21	Kriechganggruppe	Q62	Unterlenkerstrebe links
G45	Doppelkupplung	Q63	Reduzierteile Dreipunktgestänge Kat. III auf II
H29	Regelhydraulik	S25	Windschutzscheibe Verbundglas
H33	Heckkraftheber, Kat III	S35	Scheibenwaschanlage
H51	Hydr. Steckeranschluß hinten, 4fach	S37	Scheibenwischer für feste Heckscheibe
H71	Hydr. Steckeranschluß vorn, 4fach	S38	Scheibenwaschanlage für Heckscheibe
H82	Hydraulikanlage 60 l, Landwirtschaft, 3-zellig	Y64	Unterbodenschutz

Fahrerhaus	
Ausführung	OECD-geprüfte Sicherheitskabine für 2 Personen, 4-Punkt gelagert, seitlich kippbar
Türen	2 seitliche Türen mit Sicherheitsschloß und Kurbelfenster
Fenster	Wunsch: ausstellbare Windschutzscheibe (S27), beidseitig schiebbare Heckscheibe (S48) oder ausstellbare Heckscheibe (S28)
Verglasung	Einscheibensicherheitsglas
Fahrersitz	gepolsterter, gewichtseinstellbarer Schwingsitz, höhen- und längsverstellbar, neigungseinstellbare Rückenlehne und Längsfederung. Auf Wunsch: Komfortschwingsitz mit automatischer Gewichtseinstellung und einstellbarer Lendenwirbelstütze
Beifahrersitz	herausnehmbarer, gepolsterter Klappsitz
Ausstattung	Kleiderhaken, Aschenbecher, Normsteckdose, Sonnenblende, Gummimatte, 2 klappbare Außenrückspiegel, Scheibenwischer
Heizung/Lüftung	Lüftung und Warmwasserheizung mit Gebläsemotor und Entfrosterdüsen für Windschutzscheibe, große ausstellbare Dachentlüftungsklappe. Auf Wunsch: Zusatzheizung im Fußraum
Klimaanlage	Auf Wunsch im Dach integrierte Klimaanlage
Motorhaube	Seitenteile abnehmbar
Armaturen	
Instrumente	Kombiinstrument mit Öldruckanzeiger, Fernthermometer, Kraftstoffanzeiger, Doppeldruckmesser (Brems- und Luftdruck), Kontrollleuchten, Traktometer mit digitaler Geschwindigkeitsanzeige, Lenksäulenschalter mit Hupenkontakt, Blinker, Fern- und Abblendlicht, Instrumentenbeleuchtung
Beleuchtung	2 Halogen-Scheinwerfer 60/55 W mit asymmetrischem Abblendlicht, Standlicht, 2 Fahrtrichtungsanzeiger mit Begrenzungsleuchten kombiniert, 2 Rückleuchten mit Schluß-, Brems- und Blinklicht, Kennzeichenbeleuchtung, Warnblinkanlage

Räder und Reifen MB-trac Typ 1100, 1300, 1500 Stand 12/1986

Reifengröße	Scheibenrad-bezeichnung	Teile-Nummer	Scheibenrad-Gewicht kg	Einpresstiefe mm	Radeinschlag °	Spurweite		Verstellspuren
						Normal	Radumschlag	
MB-trac 1100, 1300, 1500 (443.160 / .161 / .162)								
12,4 - 38	W 11 x 38	442 401 04 01		261	35			1800
12,4 R 38				159				2005
				139				2045
				37				2250
13,00 R 20	10,0 V - 20	425 401 19 01		184	35	1955		
16,9 - 30	W 15L x 30	442 401 06 01	85	226	35	1871		
16,9 R 30		442 401 05 01		261,5	35			1800
				226,5				1871
				159,5				2003
				124,5				1800
17,5 - 25	14,00 x 25/1,5							
17,5 R 25								
18,4 - 30	W 15L x 30	442 401 05 01	56	226,5				1870
				159,5				2004
				124,5				2074
		442 401 06 01	85	226	33	1871		
		443 401 02 01	123	226	33	1871		
18,4 - 34	W 15L x 34	443 401 03 01	102	226	30	1871		
18,4 R 34		443 401 05 01		160	39			2002
		443 401 06 01		210	30			1903
				140				2043
				38				2247
520 / 70 R 34	W 16L x 34	443 401 07 01		210	30	1903		

Preise / Grundausführung MB-trac 1800 Intercooler BR 443 Stand 01/1990					
Listenpreis MB-trac 1800 (443.166)		152.440,--	H56	Steckeranschluß hinten, 4fach	513,--
		(in DM ohne MWST)	H76	Steckeranschluß vorn, 4fach	513,--
Gesetzlich vorgeschriebener Lieferumfang			H36	Fernbetätigung des Heckkrafthebers	195,--
S35	Scheibenwaschanlage	129,--	M58	Startpilot	164,--
S50	Verbandskasten mit Halter	98,--	N07	Motorzapfwellenantrieb umschaltbar	6.433,--
X74	Geschwindigkeitsschild 40 km/h	0,--	N20	Zapfwelle vorn 1 3/8" Keilwellenprofil	475,--
Y46	Warndreieck und Warnleuchte	98,--	N37	Zapfwelle hinten, Keilw.-profil 1 3/4"	3.701,--
Empfohlene Lieferausführung Agrar			Q10	Anhängekupplung mit Steckbolzen	1.133,--
B71	Frostschützer für Druckluftanlage	226,--	Q54	Dreipunktgest. Kat. II m. Pendelausgleich	
C57	Drehgriff für Lenkrad	30,--		Unterlenkerstreben, Reduzierteile	
F42	Heizkanäle im Fußraum	749,--		und Schnellkuppler Walterscheid	4.823,--
G20	Nachschaltgetriebe + Arbeitsgruppe	2.922,--	R74	4 Scheibenräder W 16L x 34	
G45	Doppelkupplung	421,--		für 18,4 - 34, Spurw. 1.903 mm	2.665,--
G71	7-Gang-Getriebe, Schnellgang 40 km/h	26,--	S48	Heckscheibe beidseitig schiebbar	318,--
H26	Hydraulikanlage Landw. + mech. Regelh.	7.074,--		Bereifung 18,4 R 34	2.400,--
H33	Heckkraftheber Kat. III	4.956,--		**Gesamt**	**192.502,--**

Motor	MB-6-Zylinder-Diesel-Direkteinspritzer, Typ OM 366 A, 180 PS (132 kW) bei 2.400/min, mit Abgasturbolader und Ladeluftkühlung, wassergekühlt, Kühlerfrostschutzmittel bis -25°, 7fach gelagerte Kurbelwelle, Bosch-Reiheneinspritzpumpe, mech. Drehzahlregler, Anlasser, Anlasssperre, Trockenluftfilter mit Sicherheitspatrone, verlängerter Ansaugkamin mit Zyklonfilter, Auspuff nach oben, Kraftstofftank 240 Liter, Kraftstoffsieb.
Elektrik	Drehstromlichtmaschine 14 V/55 A (770 Watt), Batterie 12 V/120 Ah, Halogen-Scheinwerfer, Lichthupe, Warnblinkanlage, Anhängersteckdose 7-polig
Getriebe	MB-Vollsynchron-Wendegetriebe, 6 Vor- und 6 Rückwärtsgänge, Seitenschaltung rechts, Umschaltung vor-/rückwärts synchronisiert, hydr. betätigte Doppelscheiben-Trockenkupplung
Antrieb	Allradantrieb mit Differenzialsperren in beiden Achsen, während der Fahrt pneumatisch zu- und abschaltbar. MB-Achsen mit Außenplanetengetrieben, Vorderachse mit Schraubenfedern und Teleskopstoßdämpfern, Hinterachse starr.
Lenkung	Hydraulische Servolenkung mit sep. Ölpumpe und sep. Behälter, 2 Lenkzylinder
Bremse	Verstärkte luftbetätigte hydr. Vierrad-Zweikreis-Trommelbremse, Federspeicher Feststellbremse auf die Hinterräder wirkend.
Druckluft-Anlage	Kompressor am Motor angeflanscht mit Direktantrieb, Luftvorratsbehälter, Reifenfüllanschluss
Fahrerhaus	Ganzstahl-Sicherheitskabine auf Schwingungsdämpfern, 4-Punkt-gelagert, seitlich kippbar, Auftritte 3stufig, 2 Türen mit Kurbelscheiben, Schall- und Wärmedämmung, Komfort-Innenverkleidung, Heizungs- und Frischluftanlage mit Mehrstufengebläse, Defrosterdüsen, Dachlüftungsklappe, Radio- und Lautsprecherhalterung, Innenbeleuchtung, Aschenbecher, Normsteckdose, Sonnenblende, Bodenmatte herausnehmbar, Außenspiegel rechts und links, Scheibenwischer mit Intervallschaltung.
Fahrersitz	Luxusschwingsitz mit hydr. Stoßdämpfung auf das Fahrergewicht einstellbar, Längsfederung, Längs-, Höhen- und Neigungsverstellung für die Sitzfläche, Rückenlehne verstellbar, 2 stufenlos einstellbare Armlehnen wegklappbar. Beifahrersitz gepolstert und klappbar, in Kabine herausnehmbar.
Armaturen	Tachometer mit Digitalanzeige für Fahrgeschwindigkeit mit zus. Wegstreckenmessung, Anzeige der Motor- und Zapfwellendrehzahl und der Betriebsstunden, Kombi-Instrument für Öldruck, Kühlmitteltemperatur, Kraftstoff, Druckluft, Warnleuchte für Druckluftvorrat, Kontrollleuchten für Blinklicht, Allradantrieb, Differenzialsperren, Zapfwellenkupplung, Feststellbremse, Schaltgassenanzeige.
Zubehör	Werkzeugsatz, 1 Unterlegkeil, Reifenfüllschlauch
Lackierung	Hellgelbgrün 6841, Kühlergrill, Motorhaubenoberfläche und Kotflügel dunkelgrün
Bereifung	18,4 R 34, 4fach, Scheibenrad W 15 L x 30

Schon von Einführung des 1800 intercooler testete man bei der TU München den MB-trac mit über 200 PS. Das sogenannte Projekt MB-trac 2000.

MB-trac 1600 turbo in Sonderlackierung ab Werk.

Die neue Größe: Den MB-trac 1800 Intercooler gab es auch auf Wunsch in Sonderlackierung.

MB-trac 1600 turbo.

MB-trac 1600 turbo.

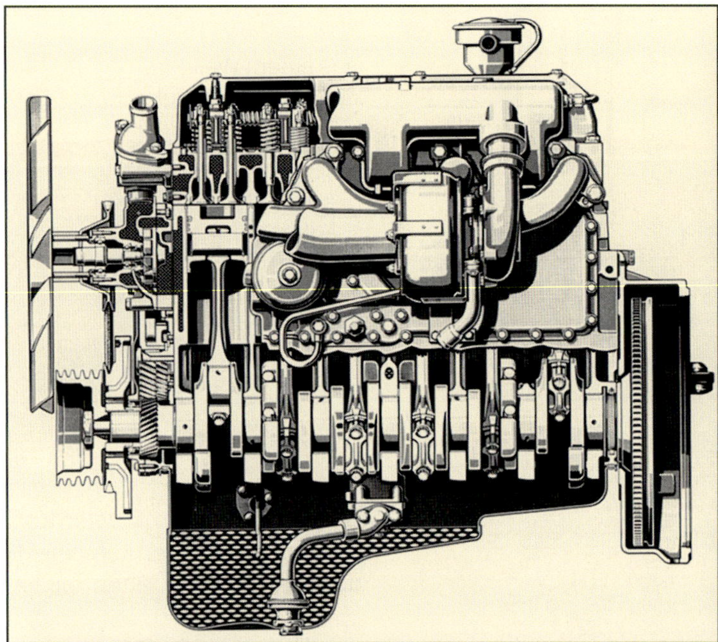

MB-trac Motorentechnik im Detail: Sechszylinder-Diesel-Reihenmotor mit Abgasturbolader Typ OM 366 A für MB-trac 1300-, 1400- und 1600 turbo.

Der turboaufgeladene Motor OM 366 A mit 156 PS (115 kW).

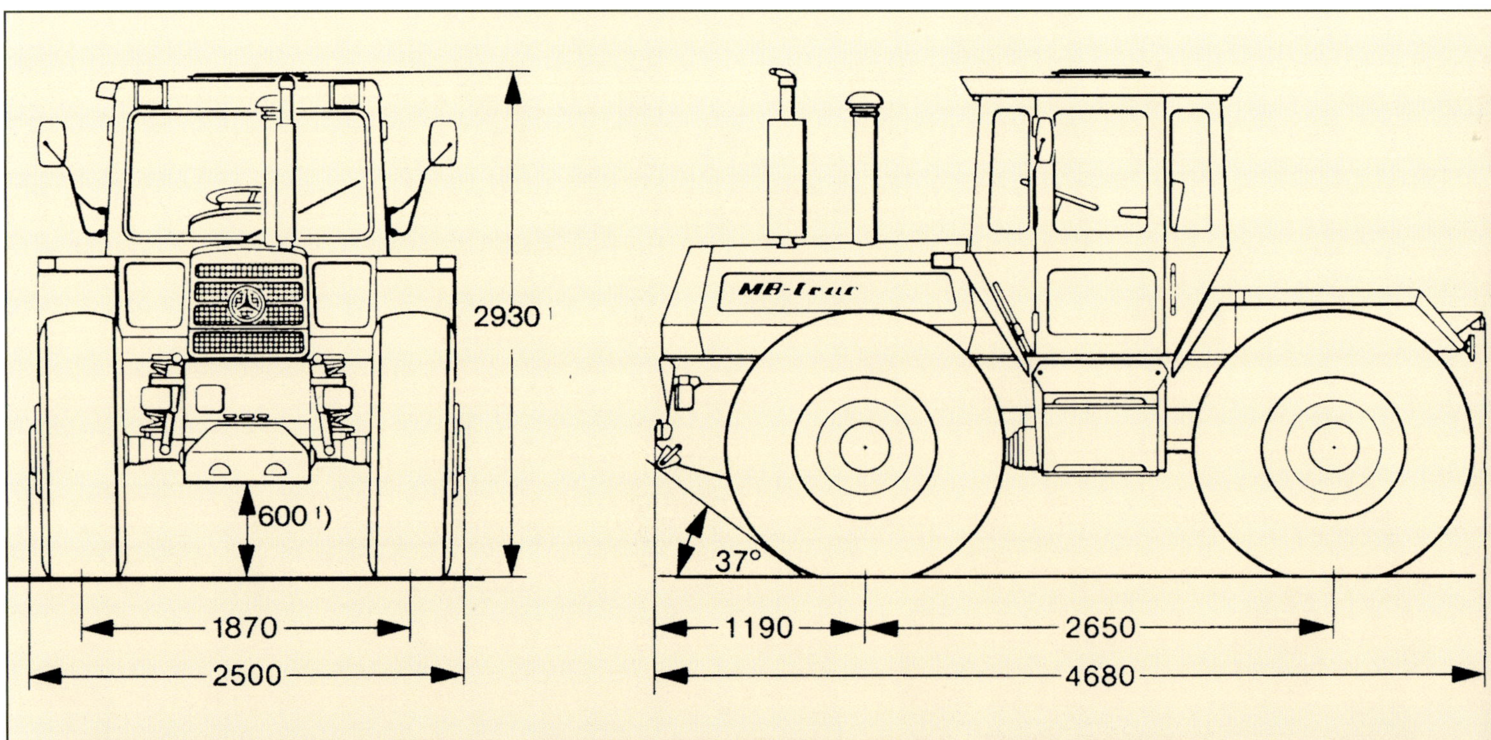

MB-trac 1300 turbo Forst mit Werner Forstausrüstung. Die Windenleistung beträgt pro Trommel 10 Tonnen Zugkraft

(Foto: Ralf Malle)

Die letzte Parade der Sternentraktoren: MB-trac 700 bis 1600 turbo.

MB-trac 1800 Intercooler bei der Untergrund-Lockerung. (Foto: Dirk Stutz)

Der 1800 intercooler »Black Beauty« steht im Gaggenauer Unimog-Museum.
Ein Besuch lohnt sich für Groß und Klein.

Die drei MB-trac Musketiere : 1300 turbo, 1400 turbo und 1600 turbo.

MB-trac 1000 und 1600 turbo im Einsatz in der Gras Silage: Die perfekte Gerätekombination!

Der MB-trac 1400 turbo eignete sich dank hoher Kraft und Leistung auch für den Anhängerzug.

MB-trac 1600 turbo.

MB-trac 1600 turbo. Ackerbaulich sauber gelöst: vorne Maisstrohmulchen – hinten pflügen.

MB-trac 1300 turbo. Saatbettbereitung und Einsaat in einem Arbeitsgang.

Dieser MB-trac 1300 turbo einer Kabelbaufirma wird als Reinigungs- und Logistikfahrzeug beim Bau von Windrädern eingesetzt.

MB-trac 1600 turbo. Leistungsfähiges Gespann mit genügend Kraftreserven.

DER MB-TRAC IM FORSTEINSATZ

Ein neuer Maßstab in der Forsttechnik

von Michel Kaiser

Als Mercedes-Benz im Jahr 1972 auf der DLG-Ausstellung in Hannover den ersten MB-trac präsentierte, ahnte kaum jemand, welch wegweisende Entwicklung dieser Schlepper für die Forstwirtschaft einläuten würde. Zwischen den bekannten Unimogs stand ein neues Fahrzeug: Der MB-trac 65/70. Mit seiner einzigartigen Optik – grau lackierter Aufbau, Blutorange Kotflügel, vier gleich große Räder – war er ein echter Hingucker. Doch es war nicht nur das Design, das Aufsehen erregte, sondern vor allem das technische Konzept: Ein Traktor mit symmetrischer Achslastverteilung, durchdachter Kabinenposition und vielseitigem Einsatzspektrum. Die Fachwelt sprach von einer »Weltneuheit« – und das zu Recht. Im Laufe der nächsten zwei Jahrzehnte entwickelte sich der MB-trac zur Ikone im Forsteinsatz. Seine Erfolgsgeschichte ist eng verknüpft mit der Firma Werner aus Trier, deren forsttechnische Ausrüstungen den Schlepper zum vollwertigen Rückefahrzeug machten.

Nach seiner Premiere 1972 dauerte es nicht lange, bis der MB-trac erste Schritte in Richtung Forsteinsatz machte. Die Firma Werner – ein Spezialist für Forstaufbauten – rüstete zwei MB-trac mit bewährten Komponenten aus, die bereits beim Unimog erfolgreich eingesetzt worden waren. Darunter: Doppeltrommelwinden, Frontpolderschild, Unterfahrschutz und Tragbergstützen. Die Versuchsfahrzeuge gingen in die Praxis. Das Besondere: Kunden, Entwickler und Konstrukteure arbeiteten eng zusammen. Probleme wurden identifiziert und umgehend behoben.

Bereits zwei Jahre später – auf der Interforst 1974 – präsentierte Werner den MB-trac mit verschiedenen Forstvarianten, darunter auch Versionen mit abnehmbaren Komponenten. Der Rückeschlepper war geboren – und überzeugte. Der MB-trac punktete mit Eigenschaften, die im Forst von entscheidender Bedeutung waren, denn er bot eine hervorragende Rundumsicht, eine bequemes Ein- und Aussteigen, mehr Traktion dank größerer Räder und eine robuste Fahrzeugkonstruktion. Viele Forstbetriebe, die bislang auf den Unimog gesetzt hatten, wechselten zum MB-trac – eine Entwicklung, die sich in den späten 1970er- und frühen 1980er-Jahren deutlich verstärkte.

Technik, die den Unterschied macht – Werner-Forstausrüstung
Die Werner-Ausrüstung machte den MB-trac zu einem vollwertigen FPA-geprüften Forstschlepper.
Die wichtigsten Komponenten waren:

- Doppeltrommelwinde mit elektro-pneumatischer Steuerung: Über den Sonderabtrieb betrieben, mit praxisgerechten Seilgeschwindigkeiten und Funksteuerung. Der Aufbau hinter der Kabine ermöglichte eine optimale Lastverteilung und saubere Seilverlegung.
- Tragbergstütze: Diente zur Stabilisierung am Hang, beim Lastbilden und Poltern. Ihre hydraulische Höhenverstellung und Verbindung mit dem Seilführungssystem ermöglichten effizientes und sicheres Arbeiten.
- Frontpolderschild: Mehr als nur ein Schubwerkzeug – es konnte optional auch Frontladergeräte aufnehmen und war in verschiedenen Hubhöhen erhältlich.
- Forstschutzausrüstung: Schutzgitter, Astabweiser, verstärkte Kotflügel, abnehmbare Beleuchtungseinheiten und ein integrierter Stahltank sicherten Maschine und Fahrer bei schwerstem Rückeeinsatz.

Das gesamte System war auf schnelle Umrüstbarkeit ausgelegt: In rund 30 Minuten ließ sich der MB-trac vom Forst- zurück zum Ackerschlepper umrüsten – ein Vorteil, den rein forstliche Maschinen nicht bieten konnten.

Reifen im Forst: Oft unterschätzt, aber entscheidend
Im harten Gelände des Waldes waren die Reifen der Schlüssel zur Leistungsübertragung. Während auf dem Acker zunehmend Radialreifen eingesetzt wurden, setzte man im Forst konsequent auf Diagonalreifen – wegen ihrer robusteren Seitenwände und besseren Schnittfestigkeit.

Geeignete Reifen weisen eine hohe Tragfähigkeit (Schlepper, Rückegerät, Holzlast) auf bei gleichzeitig geringem Schlupf bei Steigungen und Nässe. Fremdkörper wie Äste und Fels dürfen möglichst keine Schäden verursachen, und außerdem müssen sie schneekettentauglich sein. Nicht zuletzt aber müssen solche Reigen auch möglichst gute Straßenfahreigenschaften aufweisen, um die Entfernungen zwischen den einzelnen Schlägen möglichst komfortabel zurücklegen zu können.

Für die Reifenkonstruktion bedeutet das: verstärkte Karkassen und Schutzlagen und schnittfeste Spezialmischungen, während die Felgen Schutzringe und geschützte Ventile mitbringen müssen. MB-trac-geeignete Forstreifen boten Conti in Form des AS-Farmer (langlebig, stabil, schnittfest), Michelin mit dem Forestier 525(zusätzlicher Flankenschutz), Trelleborg mit dem 500/60-26,5 (breites Profil, gute Traktion) und Nokia (Forest 14.9-24 – sehr robust, selbstreinigend) an.

Diese speziellen Reifen trugen maßgeblich dazu bei, dass der MB-trac auch unter widrigsten Bedingungen sicher und leistungsfähig blieb.

Überzeugung durch Praxis – Vorführungen im Einsatz
Werner setzte konsequent auf praxisnahe Vorführungen: Ein eigener Transportzug mit zwei MB-tracs – meist ein Rückezangenschlepper und ein Modell mit Doppeltrommelwinde – tourte durch Deutschland. Die Vorführer waren Profis, die die Maschinen souverän unter Beweis stellten – bei jedem Wetter, auf jedem Boden. Selbst skeptische Zuschauer zeigten sich nach der Demonstration beeindruckt von Leistung, Wendigkeit und Zuverlässigkeit.

Die Zusammenarbeit zwischen Daimler-Benz, Werner und den Generalvertretungen war beispielhaft: Prospekte wurden gemeinsam gestaltet, Sonderwünsche auf kurzem Weg realisiert. Werner erreichte mit rund 2.600 forstlich umgebauten MB-trac einen Marktanteil von 6,3 % an der Gesamtproduktion – ein eindrucksvoller Beleg für den Erfolg dieser Partnerschaft.

Zur Einordnung: 1983 gab es in Deutschland rund 4.500 Rückeschlepper, davon ca. 2.000 Standardschlepper mit Dreipunktwinden, etwa 800 Standardschlepper mit Forstaufbauten, rund 1.200 MB-trac (inkl. Unimog) mit Werner-Ausrüstung, etwa 350 Skidder (Forst-Knickschlepper) sowie 100 Kurzholzrückezüge.

Letztlich nutzte Werner den MB-trac als technische Plattform, um den Schlepper in ein leistungsfähiges, vielseitiges und wirtschaftliches Forstfahrzeug zu verwandeln. Das wirkt bis heute nach, denn auch bald vier Jahrzehnte nach Produktionseinstellung gelten die MB-tracs als Meilensteine der Forsttechnik – was sie zu begehrten Klassikern im Forst macht.

DER MB-TRAC IM FORSTEINSATZ – VOM SCHLEPPER ZUR FORSTMASCHINE

Die Forstpalette von 1984, kein anderer Hersteller konnte solch eine Produktvielfalt anbieten.

Ein neuer Maßstab in der Forsttechnik

Als Mercedes-Benz im Jahr 1972 auf der DLG-Ausstellung in Hannover den ersten MB-trac präsentierte, ahnte kaum jemand, welch wegweisende Entwicklung dieser Schlepper für die Forstwirtschaft einläuten würde. Zwischen den bekannten Unimogs stand ein neues Fahrzeug: Der MB-trac 65/70. Mit seiner einzigartigen Optik – grau lackierter Aufbau, rote Kotflügel, vier gleich große Räder – war er ein echter Hingucker. Doch es war nicht nur das Design, das Aufsehen erregte, sondern vor allem das technische Konzept: Ein Traktor mit symmetrischer Achslastverteilung, durchdachter Kabinenposition und vielseitigem Einsatzspektrum. Die Fachwelt sprach von einer „Weltneuheit" – und das zurecht.

Im Laufe der nächsten zwei Jahrzehnte entwickelte sich der MB-trac zur Ikone im Forsteinsatz. Seine Erfolgsgeschichte ist eng verknüpft mit der Firma Werner aus Trier, deren forsttechnische Ausrüstungen den Schlepper zum vollwertigen Rückefahrzeug machten. In diesem Kapitel werfen wir einen detaillierten Blick auf diese einzigartige Entwicklung, die Technik dahinter und ihre Bedeutung für die Praxis im Forst.

Die Anfänge: Als der MB-trac den Wald betrat

Nach seiner Premiere 1972 dauerte es nicht lange, bis der MB-trac erste Schritte in Richtung Forsteinsatz machte. Die Firma Werner – ein Spezialist für Forstaufbauten – rüstete zwei MB-trac mit bewährten Komponenten aus, die bereits beim Unimog erfolgreich eingesetzt worden waren. Darunter: Doppeltrommelwinden, Frontpolderschild, Unterfahrschutz und Tragbergstützen.

Die Versuchsfahrzeuge gingen in die Praxis. Das Besondere: Kunden, Entwickler und Konstrukteure arbeiteten eng zusammen. Probleme wurden identifiziert und umgehend behoben. Bereits zwei Jahre später – auf der Interforst 1974 – präsentierte Werner den MB-trac mit verschiedenen Forstvarianten, darunter auch Versionen mit abnehmbaren Komponenten. Der Rückeschlepper war geboren – und überzeugte.

Der MB-trac punktete mit Eigenschaften, die im Forst von entscheidender Bedeutung waren: bessere Rundumsicht, bequemes Ein- und Aussteigen, mehr Traktion dank größerer Räder und eine robuste Fahrzeugkonstruktion. Viele Forstbetriebe, die bislang auf den Unimog gesetzt hatten, wechselten zum MB-trac – eine Entwicklung, die sich in den späten 1970er- und frühen 1980er-Jahren deutlich verstärkte.

Mercedes-Benz

Unimog und MB trac – der Fortschritt im Forst

Mercedes-Benz bietet Ihnen
ein Programm überlegener Forstschlepper.

Ein MR-trac 800 in Namibia beim Händler Star Mortors Commercial.

Aufstieg zur Nr. 1 im Forst – Baureihen und Meilensteine

Mit steigender Nachfrage nach mehr Leistung wurde 1975 der MB-trac 800 eingeführt – erstmals mit Scheibenbremsen. Der 800er entwickelte sich zum Erfolgsmodell: Über 11.500 Einheiten wurden in drei Baureihen gebaut. Es folgten die schweren Typen MB-trac 1100 und 1300 im Jahr 1976 – Rückeschlepper mit enormer Kraftreserven.

Ein bedeutender Lückenschluss im Modellprogramm gelang 1981 mit dem MB-trac 900 (85 PS), der 1982 vom MB-trac turbo 900 und später vom 900 turbo (90 PS) abgelöst wurde. Diese 900er-Baureihe wurde zum Rückgrat im Forsteinsatz und entwickelte sich zu den meistverkauften Typen für den Wald.

Mit dem Ausbau der MB-trac-Palette standen schließlich Modelle von 65 bis 156 PS zur Verfügung (MB-trac 700 bis 1600 turbo). Ab Ende der 1980er-Jahre erfolgte der Vertrieb über die TracTechnikVertriebsgesellschaft (TTVG), eine Kooperation zwischen Mercedes-Benz und Deutz, die zusätzlich auch den IN-trac vertrieb.

Der letzte große Auftritt erfolgte 1990 mit dem MB-trac 1800 intercooler (180 PS), von dem lediglich 190 Stück gebaut wurden. Am 17. Dezember 1991 endete die Ära nach 41.365 produzierten MB-trac – ein technisches Kapitel, das bis heute nachwirkt.

MB-trac 700 G mit Eintrommelwinde und Tragbergstütze für einen Grünlandbetrieb der auch Wald bewirtschaftete. Die Tagbergstütze konnte man in wenigen Minuten abbauen um den MB-trac für die Landwirtschaft einzusetzen.

Erster MB-trac 65/70 als Prototyp in der Forstwirtschaft. Die Komponenten wurden vom Unimoig übernommen und geändert das man Sie auf den trac setzen konnte.

Der Reisigräumrechen spielte im Forst eine bedeutende Rolle. Früher wurden Flächen allesamt geräumt und sauber gemacht zur Aufforstung. Durch das Fronthubgerüst von Werner war ein schneller Umbau an der Front mit anderen Anbaugeräten möglich.

Der MB-trac 900, turbo 900, 900 turbo wurden zu den meistgekauften MB-trac mit Forstausrüstung.

Der MB-trac 1300 F, Doppeltrommelwinde mit 10-Tonnen-Zugkraft pro Trommel. Das war die Antwort auf die amerikanischen Skidder.

Erster Versuch des Werner Rückewagens mit Krananbau am MB-trac, so entstanden bei Werner die Kurzholzrückezüge auf Basis des MB-trac.

Technik, die den Unterschied macht – Werner-Forstausrüstung

Die Werner-Ausrüstung machte den MB-trac zu einem vollwertigen FPA-geprüften Forstschlepper. Die wichtigsten Komponenten:

- Doppeltrommelwinde mit elektro-pneumatischer Steuerung: Über den Sonderabtrieb betrieben, mit praxisgerechten Seilgeschwindigkeiten und Funksteuerung. Der Aufbau hinter der Kabine ermöglichte eine optimale Lastverteilung und saubere Seilverlegung.
- Tragbergstütze: Diente zur Stabilisierung am Hang, beim Lastbilden und Poltern. Ihre hydraulische Höhenverstellung und Verbindung mit dem Seilführungssystem ermöglichten effizientes und sicheres Arbeiten.
- Frontpolderschild: Mehr als nur ein Schubwerkzeug – es konnte optional auch Frontladergeräte aufnehmen und war in verschiedenen Hubhöhen erhältlich.
- Forstschutzausrüstung: Schutzgitter, Astabweiser, verstärkte Kotflügel, abnehmbare Beleuchtungseinheiten und ein integrierter Stahltank sicherten Maschine und Fahrer bei schwerstem Rückeeinsatz.

Das gesamte System war auf schnelle Umrüstbarkeit ausgelegt: In rund 30 Minuten ließ sich der MB-trac vom Forst- zurück zum Ackerschlepper umrüsten – ein Vorteil, den rein forstliche Maschinen nicht bieten konnten.

MB-trac 1300 turbo mit Werner Forstausrüstung. Die Frontpolderschwinge F 42 hatte eine Hubkraft von knapp über 3 tonnen.

MB-trac 700 mit Werner Schwachholzrückeaggregat. Ein kleiner wendiger Forstschlepper mit 2 mal 4,5 tonnen Winde.

Reifen im Forst: Oft unterschätzt, aber entscheidend

Im harten Gelände des Waldes waren die Reifen der Schlüssel zur Leistungsübertragung. Während auf dem Acker zunehmend Radialreifen eingesetzt wurden, setzte man im Forst konsequent auf Diagonalreifen – wegen ihrer robusteren Seitenwände und besseren Schnittfestigkeit.

Die Anforderungen:

- hohe Tragfähigkeit (Schlepper, Rückegerät, Holzlast)
- geringer Schlupf bei Steigungen und Nässe
- Resistenz gegen Fremdkörper wie Äste und Fels
- Kompatibilität mit Schneeketten
- gute Straßenfahreigenschaften

Technische Lösungen:

- verstärkte Karkassen und Schutzlagen
- schnittfeste Spezialmischungen
- Felgen mit Schutzringen und geschütztem Ventil

Beispiele für MB-trac-geeignete Forstreifen:

- Conti AS-Farmer – langlebig, stabil, schnittfest
- Michelin Forestier 525 – mit zusätzlichem Flankenschutz
- Trelleborg 500/60-26,5 – breites Profil, gute Traktion
- Nokia Forest 14.9-24 – sehr robust, selbstreinigend

Diese speziellen Reifen trugen maßgeblich dazu bei, dass der MB-trac auch unter widrigsten Bedingungen sicher und leistungsfähig blieb.

Überzeugung durch Praxis – Vorführungen im Einsatz

Werner setzte konsequent auf praxisnahe Vorführungen: Ein eigener Transportzug mit zwei MB-tracs – meist ein Rückezangenschlepper und ein Modell mit Doppeltrommelwinde – tourte durch Deutschland. Die Vorführer waren Profis, die die Maschinen souverän unter Beweis stellten – bei jedem Wetter, auf jedem Boden. Selbst skeptische Zuschauer zeigten sich nach der Demonstration beeindruckt von Leistung, Wendigkeit und Zuverlässigkeit.

Forstreife, erlangten die Forstschlepper von Mercedes und Werner als Sie FPa geprüft wurden und für den Forsteinsatz empfohlen wurden.

Ein starkes Duo: MB-trac und Werner

Die Zusammenarbeit zwischen Daimler-Benz, Werner und den Generalvertretungen war beispielhaft: Prospekte wurden gemeinsam gestaltet, Sonderwünsche auf kurzem Weg realisiert. Werner erreichte mit rund 2.600 forstlich umgebauten MB-trac einen Marktanteil von 6,3 % an der Gesamtproduktion – ein eindrucksvoller Beleg für den Erfolg dieser Partnerschaft.

1983 gab es in Deutschland rund 4.500 Rückeschlepper:

- ca. 2.000 Standardschlepper mit Dreipunktwinden
- ca. 800 Standardschlepper mit Forstaufbauten
- ca. 1.200 MB-trac (inkl. Unimog) mit Werner-Ausrüstung
- ca. 350 Skidder (Forst-Knickschlepper)
- ca. 100 Kurzholzrückezüge

MB-trac 900 turbo mit Rückezange auf einer Vorführung.

MB-trac turbo 900 beim Poltern von Buchenholz.

Hier rückt der MB-trac das Fichtenholz durch einen nassen Bestand.

Auch die Firma Ritter (oben) und Nagel (unten) bauten auf Wunsch MB-trac für Kunden auf. Jedoch bekamen Sie nie die offizielle Gerätefreigabe durch Mercedes-Benz.

Fazit: Der MB-trac – Ein Meilenstein der Forsttechnik

Der MB-trac war weit mehr als ein Schlepper – er war eine technische Plattform, die durch die Werner-Ausrüstung zum leistungsfähigen, vielseitigen und wirtschaftlichen Forstfahrzeug wurde. Seine Innovationskraft, die Verbindung aus Praxisnähe und Ingenieurskunst sowie seine Anpassungsfähigkeit machten ihn zur Legende – und bis heute zu einem begehrten Klassiker im Forst.